KB041361

퍼스널 스타일리스트 **스기야마 리쓰코**

패션은

티나

3색으로

1

요즘에는 패션에 관한 책이나 정보가 많습니다.
그중에서 좋아하는 스타일을 찾아
비슷한 옷을 몇 벌 장만해 따라 입어 보지만
멋지다는 소리는커녕 활용하기도 어려워서
옷장 안에만 넣어 둔 경험, 혹시 없으신가요?
멋져 보이는 사람과 똑같은 차림을 했는데,
왜 나는 멋있어 보이지 않는 걸까요?
이는 패션의 기본을 모르기 때문입니다.
멋쟁이가 되려면 몇 가지 단계를 밟아야 합니다.
그 첫 번째 단계는 나 자신을 파악하는 것이지요.
남을 흉내 내기 이전에 내 체형을 살릴 수 있는
나만의 스타일을 찾아야 합니다.
그리고 내게 어울리는 색과 디자인을 알아야 하지요.

2

멋쟁이란 자기 자신을 잘 표현하는 사람입니다.
흉내 내는 사람이 아니지요.
근사해 보이는 모델을 흉내 내면 내가 멋있어질까요?
그 모델과 나는 생김새나 스타일이 달라서
어색해 보이기만 할 겁니다.
당신은 당신 체형에서 드러내야 할 부분과
감추어야 할 부분을 알고 있나요?
멋쟁이들은 그런 부분을 잘 알고 있습니다.
항상 이를 토대로 자신이 가장 멋있어 보이는
스타일을 연구하지요.
네, 그렇습니다.
멋쟁이란 유행에 민감한 사람이 아닙니다.
자기 자신이라는 소재를 최대한 활용해서
멋지게 표현하는 사람.
그런 사람이 바로 멋쟁이입니다.
당신이라는 유일한 존재를 빛나게 해 줄 스타일은
과연 무엇일까요?
이 책에서 당신만의 최고의 스타일을 찾아보세요.

3

멋을 내려면 몇 가지 기본을 알아야 합니다.
그중 하나가 색상이지요.
옷장 속의 옷들은 세 가지 색이면 충분합니다.
사실 가지고 있는 옷의 색이 너무 많아서
코디네이션한 옷이
따로따로 노는 것처럼 보이는 것입니다.
유행하는 색으로 멋을 낼 필요는 없습니다.
옷장 속을 '세 가지 색'으로 정리하세요.
그렇게 하면 나를 드러내기도 쉽고
옷을 매치하기도 한결 수월해집니다.

4

기본 아이템은 반드시 갖추세요.
흔히 패션 테러리스트라고 불리는 사람은
주연급 아이템만 가지고 있어서
코디네이션에 어려움을 겪습니다.
신경 써서 차려입었지만 어쩐지 이상해 보이는 까닭은
옷과 옷 사이에 불협화음이 흐르고 있어서입니다.
조화롭고 정돈된 옷차림을 원한다면
주연급 아이템을 빛내 줄 기본 아이템이 있어야 합니다.
검은색이나 흰색과 같은
기본 색상의 심플한 바지, 셔츠, 티셔츠.
멋을 내고 싶다면 이런 아이템부터 갖추세요.

5

패션 잡지에 나오는 멋진 스타일을 숱하게 따라 하지만
아직 멋지다는 소리를 한 번도 들어 보지 못한 당신.
멋쟁이가 되고 싶나요?
자신에게 어울리는 멋을 찾고 싶은가요?
그렇다면 이 책을 읽어 보세요.
이 책은 패션의 기본을 한 걸음씩
단계별로 익히도록 구성되어 있습니다.
좀 귀찮더라도 처음에는 이 책의 지침을
그대로 따라 해 보세요.
머지않아 멋쟁이로 거듭난 나를 만나게 될 것입니다.

누구나 멋쟁이가 될 수 있다!

요즘에는 옷을 구하기가 참 쉽습니다. 최신 유행을 반영하여 빠르게 유통하는 패스트 패션(fast fashion) 상품도 많고, 인터넷 쇼핑몰이나 홈쇼핑을 이용하면 굳이 외출하지 않아도 손쉽게 옷을 살 수 있습니다.

그래서 옷장 속의 옷은 많아졌는데 정작 내 차림새는 어떠한가요? 옷을 사기는 했는데 다른 옷과 매치하기가 어렵다거나 기껏 꾸며 입었는데 멋있다는 칭찬 한 번 받지 못했다는 사람이 의외로 많습니다. 내 스타일이 무엇인지 아예 모르겠다는 사람도 있고요.

예전에 비해 멋진 옷을 쉽게 구할 수 있는 세상이 되었건만, 어째서 사람들은 자신의 차림새에 만족하지 못하는 걸까요?

잠깐 제 소개를 하자면, 저는 스타일리스트 학교를 다니면서 스타일리스트 보조로 경험을 쌓았습니다. 그런 뒤 전문 스타일리스트로 독립하여 여러 대중 매체에서 일했지요. 2016년부터는 퍼스널 스타일리스트 활동을 시작하여 약 150명의 개인 스타일링에 관여해 왔습니다.

제 고객은 모두 많은 양의 옷을 가지고 있었습니다. 그런데 한결같이 '자신에게 어울리는 스타일을 모르겠다.', '옷을 어떻게 골라야 할지 모르겠다.', '아이템을 어떻게 매치해야 할지 모르겠다.'라며 고민하고 있었지요.

저는 정리 수납 어드바이저이기도 한데, 이 일을 하면서 많은 사람이 자신의 옷을 제대로 활용하지 못하고 있다는 확신이 들었습니다. 그래서 더 많은 사람이 자신에게 어울리는 옷을 골라 조화롭게 매치하여 입을 수 있도록 몇 가지 조언을 하면 어떨까 하는 마음에서 이 책을 쓰게 되었습니다.

누구나 멋있게 옷을 입고 싶어 합니다. 그럼, '멋쟁이'란 어떤 사람을 말할까요?

유행하는 색상과 디자인의 옷을 입은 사람?

모델처럼 체형이 좋은 사람?

아니요. 멋쟁이란 '자신의 분위기와 체형에 맞는 스타일을 알고 있는 사람'입니다.

어울리는 스타일의 옷을 입기 때문에 그 사람이 더

욱 빛나 보이는 것이지요.

자신에게 어울리는 옷 입기.

그것이 바로 멋쟁이로 나아가는 첫걸음입니다.

자신에게 어울리게 입는 것이 중요하다는 사실을 깨닫고 나면 어째서 유행하는 옷을 입었는데도 주변인들에게 멋지다는 소리를 듣지 못하는지, 그 이유를 알 수 있습니다. 잘 꾸미고 싶어서 패션 잡지에 나온 옷과 똑같이 차려입어도 어색하기만 한 까닭은 '입는 사람'이 달라서입니다. 얼굴도 다르고, 체형도 다르지요.

패션 잡지에서는 모델의 얼굴, 체형, 분위기 등에 맞춰서 옷을 고르기 때문에 멋져 보일 수밖에 없습니다. 그러니 그 사람을 빛나게 해 주는 옷차림을 내가 한들, 어울릴 리가 없지요.

그럼, 모델처럼 체형이 좋으면 무엇을 입어도 다 멋있어 보일까요?

아니요, 그렇지 않습니다. 체형보다 중요한 건 '맵시 있게 입을 줄 아는 능력'입니다. 주변에 그런 사람 있잖아요, 흰 티셔츠에 청바지만 입어도 멋있는 사람. 그런 사람은 같은 옷이라도 어떻게 입어야 근사해 보이는지를 압니다. 그 옷이 가진 장점을 최대한으로 끌어낼 줄 알지요.

색상이나 디자인의 조화, 전체적인 균형. 멋쟁이들은 이러한 패션의 기본을 잘 알고 있습니다.

다시 정리해 볼까요? '멋쟁이'가 되려면,

1. 자신에게 어울리는 옷을 입어야 합니다.
2. 맵시 있게 입기 위해 패션의 기본을 알아야 합니다.

이 두 가지를 꼭 기억하세요.

'맵시 있게 입는 능력'은 패션에 관심을 가지면 누구나 익힐 수 있습니다. 기초부터 단계를 밟아 나가면 누구나 능력자가 될 수 있지요.

기본을 모르는 상태에서는 멋진 패션을 따라 하려고 유행하는 옷을 산 뒤 이런저런 시도를 해 봤자 '멋 내려고 애 많이 썼네.'라는 인상을 줄 뿐입니다.

멋쟁이가 되고 싶다고 해서 갑자기 패션 피플이 될 수 있는 것은 아니지요.

어쩐지 어려워 보인다고요? 안심하세요. 멋쟁이가

되기 위해 긴 수련을 할 필요까지는 없습니다. 이 책에는 제 경험을 토대로 완성한 '멋 내기 순서'가 알기 쉽게 나와 있습니다. 멋 낼 줄 모르는 초보자라고 해도 이 책의 노하우를 처음부터 끝까지 따라 하다 보면 어느 틈엔가 멋진 아이템을 활용하고 맵시 있게 입을 줄 아는 멋쟁이가 되어 있을 겁니다.

신경 써서 옷을 입는데도 멋있어 보이지 않는 사람은 대개 아래와 같은 공통점이 있습니다.

- 자신의 체형을 모른다.
- 심플한 디자인의 기본 아이템이 없다.
- 색을 너무 많이 사용한다.

이 책에는 이러한 문제점을 개선하고, 적은 옷으로도 체형을 보완해 가며 분위기 있게 입는 요령이 나와 있습니다.

어쩌면 책을 읽는 동안 자신이 그동안 고집해 왔던 디자인이나 스타일을 부정당하는 듯한 기분이 들지도 모릅니다. 하지만 그런 부분을 좀 건너뛰더라도 일단은

이 책을 끝까지 따라 해 보세요.

책을 덮을 즈음에는 틀림없이 옷장 안이 더욱 빛나 보일 것입니다. 어떤 옷을 갖추고 어떤 옷을 버려야 하는지, 어떤 옷이 나를 빛나게 하는지, 어떻게 입어야 체형이 보완되어 예뻐 보이는지, 조화로운 색상의 차림새란 무엇인지……. 틀림없이 많은 것을 알게 될 겁니다.

지금까지 다양한 시도를 해 왔지만 아직 멋쟁이가 되지 못했나요? 그럼, 이 책으로 멋 내기의 기본을 익혀 보세요. 부디 이 책을 통해 많은 사람이 멋 내는 데 자신감을 느끼게 되기를 바랍니다.

스기야마 리쓰코

contents

머리말 12

chapter 1
내 체형을 알고,
기본 아이템을 갖추자

chapter 2
'조화로운 색'을 알자

chapter 3
가방, 신발 갖추기

chapter 4
액세서리, 스톨을 고르자

chapter 5

쓰기 편한 옷장

chapter 6

패션 감각을 키우자

내 체형을 알고,
기본 아이템을 갖추자

내 체형 알아보기

멋쟁이가 되기 위해 제일 먼저 해야 할 일.

그건 바로 '내 체형 알아보기'입니다.

주관적인 시선 말고, '남의 눈에 내가 어떻게 비치는 지'를 객관적으로 알아야 합니다.

옷을 잘 입는 사람은 몸의 라인이 근사해 보이는지, 옷을 입었을 때 전체적인 균형이 잘 잡혀 있는지, 다리 가 길어 보이는지 등을 계산합니다.

이런 점을 고려해서 나를 더욱 멋지게 드러내려면 우선 내 체형부터 알고 있어야 합니다. 그래야 좋은 점 은 살리고 좋지 않은 점은 감출 수 있으니까요.

내가 예뻐 보이는 옷의 라인이 무엇인지 알아보기.

내가 멋있어 보이는 디자인이 무엇인지 알아보기.

이것이 바로 멋쟁이가 되는 지름길입니다.

사람의 몸은 다 다르게 생겼습니다. 그렇다면 내 몸 은 어떻게 생겼을까요?

종이 한 장을 꺼내서 자기 신체 중에 마음에 드는 부 분을 찾아 적어 보세요.

키, 상반신과 하반신의 비율, 가슴 크기, 어깨너비, 허리 굵기, 다리 길이, 다리가 휜 정도······.

단점은 금방 알아도 장점은 잘 보이지 않을 수 있습니다. 머리에서부터 발끝까지 자기 몸을 찬찬히 살펴서 사소한 점이라도 좋으니까 되도록 많은 특징을 기록하세요. 손목이 가늘다, 발목이 예쁘다, 머리가 작다, 아래팔이 길다······. 세세한 부분까지 살피면 의외로 많은 장점을 찾을 수 있습니다.

이번에는 마음에 들지 않는 부분을 적으세요.

이건 쉽죠? 굳이 열심히 찾지 않아도 금방 떠오를 겁니다.

팔뚝이 굵다, 허리가 길다, 허벅지가 굵다······.

그런데 이렇게 뭉뚱그려서 적지 말고, 어느 부분이 어떠한지 구체적으로 적어야 합니다. '다리가 굵다.'라고 대충 적으면 '발목이 예쁘다.'라는 특징이 사라져 버리니까 특정 부분을 한정해서 신중하게 적으세요.

마음에 드는 부분이든 마음에 들지 않는 부분이든, 특징이 많으면 많을수록 좋습니다. 그만큼 내 몸을 더 잘 알게 될 테니까요.

자, 어떤가요?

이렇게 적어 보니까 옷을 입을 때 드러내야 할 포인트가 분명해지지요? 이 포인트는 내가 지닌 무기입니다. 이 무기를 잘 활용하면 내 인상이 더욱 좋아집니다. 이와 반대로, 감추고 보완해야 할 포인트도 알게 되었을 겁니다.

그럼, 두 번째 단계로 넘어갈까요?

STEP 2에서는 각각의 포인트를 더 자세히 알아보겠습니다.

체 크 표

마음에 드는 점과 마음에 들지 않는 점을 찾을 때 참고하세요.

☐ 키가 작다.	☐ 키가 크다.	
☐ 상반신이 풍만하다.	☐ 상반신이 빈약하다.	
☐ 하반신이 풍만하다.	☐ 하반신이 빈약하다.	
☐ 얼굴이 둥글다.	☐ 얼굴이 길다.	☐ 사각턱이다.
☐ 다리가 짧다.	☐ 다리가 길다.	
☐ 종아리가 짧다.	☐ 종아리가 길다.	
☐ 허벅지가 굵다.	☐ 허벅지가 가늘다.	
☐ 장딴지가 굵다.	☐ 장딴지가 가늘다.	
☐ 발목이 굵다.	☐ 발목이 가늘다.	
☐ 다리가 O형이다.	☐ 다리가 X형이다.	
☐ 어깨가 넓다.	☐ 어깨가 좁다.	☐ 어깨가 처졌다.
☐ 팔뚝이 굵다.	☐ 팔뚝이 가늘다.	
☐ 팔이 짧다.	☐ 팔이 길다.	
☐ 허리가 굵다.	☐ 허리가 가늘다.	
☐ 가슴이 크다.	☐ 가슴이 작다.	
☐ 목이 짧다.	☐ 목이 길다.	
☐ 목이 굵다.	☐ 목이 가늘다.	
☐ 골반이 크다.	☐ 골반이 작다.	
☐ 엉덩이가 크다.	☐ 엉덩이가 작다.	
☐ 엉덩이가 납작하다.	☐ 엉덩이가 볼록하다.	

체형 보완하기

STEP 1에서 마음에 드는 점과 그렇지 않은 점을 알게 되었지요? 이번 단계에서는 마음에 드는 점은 더욱 부각하고, 마음에 들지 않는 점은 보완해 보아요.

자, 옷장으로 가서 옷을 한 벌 입어 보세요.

다 입었으면 거울 앞에 서서 자신의 모습을 바라보세요.

지금 입은 그 옷이 당신의 장점을 돋보이게 하나요? 당신의 결점을 가려 주나요? 아니면, 이도 저도 아닌 옷인가요?

뒷모습도 확인하세요. 가능하다면 전신사진도 찍으세요. 사진기의 타이머 기능을 이용해서 앞모습과 옆모습을 모두 찍어 보세요.

사진 속의 당신 모습은 어떠한가요? 거울 속의 모습은 꽤 괜찮았는데, 사진 속의 모습은 영 이상해 보일지도 모릅니다. 그런데, 그거 아세요? 사진 속의 모습이 바로 다른 사람이 보는 내 모습입니다.

옷을 입고 '근사해 보인다.', '날씬해 보인다.', '얼굴이 화사해 보인다.'와 같은 긍정적인 느낌이 들면 그 옷은 합격입니다. 그 옷은 당신을 더욱 빛나게 해 줄 겁니다.

이와 반대로 '뚱뚱해 보인다.', '나이 들어 보인다.', '다리가 짧아 보인다.'와 같은 부정적인 느낌이 들면 그 옷은 지금 당장 옷장에서 치워 버리세요.

긍정적이지도 부정적이지도 않은 옷은 입는 방법이나 매치 방법에 따라 긍정적인 옷이 될 수 있습니다. 이 책을 끝까지 따라 하면 그러한 방법을 자연스럽게 익힐 수 있을 테니 우선은 안심하고 다시 옷장에 넣어 두세요.

내 몸의 장점을 살리려면 그 장점이 드러나도록 옷을 입어야 합니다. 그런데 주의할 점이 있습니다. 단순히 노출하거나 무조건 부각하는 것이 아니라, 균형과 비율을 따져야 한다는 점이지요.

예컨대, 가슴이 크고 허리가 가는 사람이 자신의 장점인 가는 허리를 드러내겠다고 허리가 잘록한 상의를 입으면 안 그래도 큰 가슴이 더 거대해 보입니다. 다리가 가늘다고 딱 달라붙는 스키니 팬츠를 입으면 가는 다리가 더욱 강조되어 상반신과의 균형이 무너지지요. 나이가 많은 사람일수록 이러한 극단적인 강조는 피해야 합니다.

날씬해 보이려고 굵은 다리에 딱 붙는 바지를 입는 것도 바람직하지 않습니다. 이렇게 입으면 실루엣은 날씬해 보일지 몰라도, 딱 붙어서 팽팽해진 바지가 오히려 포동포동한 다리 살을 더 도드라지게 만들어 살이 쪘다는 인상을 줍니다.

이런 볼품없는 차림새를 피하고 싶다면 옷장 속의 옷들을 하나씩 입고서 거울 앞에 서야 합니다. 그런 뒤 사진을 찍어서 '남이 보는 내 모습'을 반드시 확인해야 하지요.

좀 지루한 작업이지만, 이 과정이 당신을 '패션 감각이 뛰어난 멋쟁이'로 만들어 줄 겁니다. 옷을 하나씩 입으면서 자신이 예뻐 보이는 옷을 골라내세요.

다음 페이지에는 초보자가 쉽게 활용할 수 있는 몇 가지 요령과 주의점이 나와 있습니다. 옷을 사거나 입을 때 참고하세요.

균형이 잡혀서 선이 예뻐 보이는 체형별 디자인

[키가 작다] 하의는 기장이 긴 옷으로. 상의와 하의의 색을 맞춰서 세로로 길어 보이는 효과를 노린다.

[키가 크다] 상의와 하의의 색을 달리하면 지나치게 길어 보이는 인상을 피할 수 있다.

[상반신이 풍만하다] 검은색이나 어두운색 상의로 날씬해 보이는 효과를 노린다. 비대칭 사선이 들어간 옷도 효과적이다.

[상반신이 빈약하다] 몸에 붙는 상의는 화사한 이미지의 사람에게만 잘 어울린다. 풍성해 보이는 상의로 전체적인 균형을 잡아주자.

[하반신이 풍만하다] 검은색이나 어두운색 하의가 좋다. 연한 색 하의를 입고 싶다면 와이드 팬츠로 골라 보자.

[하반신이 빈약하다] 스키니 팬츠는 가는 다리가 더 부각되어 볼품이 없다. 품이 조금 넉넉한 하의를 고르자.

[얼굴이 둥글다] 기장이 긴 외투로 세로 선을 강조하자. 오버사이즈 셔츠처럼 볼륨 있는 상의를 입으면 얼굴과 대비를 이루어 얼굴이 작아 보인다.

[얼굴이 길다] 목둘레선이 옆으로 넓게 파인 보트넥(boat neckline)이 좋다. 헤어스타일이 무거우면 인상이 답답해 보이므로 목을 시원하게 드러내자.

[사각턱이다] 스탠드칼라 셔츠가 좋다. 단, 위 단추를 풀어서 목 언저리를 깊게 드러내자.

[다리가 짧다] 허리 위치가 높은 하의를 입는다. 시선이 허리에 머물도록 디자인된 옷이 좋다.

[다리가 길다] 품이 넉넉한 스웨트 팬츠는 다리가 긴 사람의 특권! 플랫 슈즈도 예쁘게 신을 수 있다.

[종아리가 짧다] 치마보다는 바지. 굽 있는 신발은 다리가 길어 보이는 효과가 있다.

[종아리가 길다] 무릎까지 오는 타이트스커트를 예쁘게 입을 수 있다. 스니커즈도 잘 어울린다.

[허벅지가 굵다] 일자형 타이트스커트나 와이드 팬츠 등 딱 붙지 않는 디자인을 고른다.

[허벅지가 가늘다] 걸프렌드 데님이나 테이퍼드 팬츠처럼 품이 다소 여유로운 하의를 입어야 스타일이 좋아 보인다.

[장딴지가 굵다] 와이드 팬츠로 다리 라인을 감추자. 롱부츠도 좋다.

[장딴지가 가늘다] 무릎까지 오는 타이트스커트로 장딴지를 드러내자. 6~7부 길이의 크롭트 팬츠(cropped pants)도 예쁘다.

[발목이 굵다] 길이가 긴 와이드 팬츠에 펌프스를 신으면 잘 어울린다.

[발목이 가늘다] 6~7부 길이의 테이퍼드 팬츠나 바짓단을 접어 올린 걸프렌드 데님이 좋다.

[다리가 O형이다] 와이드 팬츠로 다리 라인을 감추자. 무릎길이 스커트는 품에 약간의 여유가 있는 레깅스와 함께.

[다리가 X형이다] 늘어지는 소재의 테이퍼드 팬츠로 다리 라인을 감추자.

[어깨가 넓다] 니트 등 부드러운 소재의 드롭 숄더 상의로 어깨 위치를 보완하자.

[어깨가 좁다] 힘 있는 소재로 만든 소매 달린 상의가 좋다.

[어깨가 처졌다] 볼륨 있는 상의를 입거나 카디건을 어깨에 둘러서 어깨 부근을 강조하자.

[팔뚝이 굵다] 드롭 숄더 상의나 소매가 세로 방향으로 트여 있는 디자인의 옷을 입는다. 크루넥(crew neckline. 목둘레와 딱 맞는 둥근 목둘레선-옮긴이)의 카디건을 입어서 감추는 방법도 있다.

[팔뚝이 가늘다] 민소매 상의는 어깨선이 긴 디자인으로 고르자. 이렇게 입으면 팔뚝이 더욱 가늘어 보인다.

[팔이 짧다] 소매가 몸 판과 이어져 있는 프렌치 슬리브 등의 짧은 소매는 피한다. 긴 소매 니트를 걷어 올려서 입거나 긴 소매 셔츠의 소맷부리를 접어 올려 입는다. 7부 소매가 이상적.

[팔이 길다] 목과 어깨를 드러내는 오프 숄더(off shoulder) 상의는 팔이 긴 사람의 특권!

[허리가 굵다] 볼륨 있는 상의로 감추자. 허리 아래까지 내려오는 넉넉한 품의 일자형 블라우스도 좋다.

[허리가 가늘다] 가는 허리를 지나치게 강조하지 않아야 한다. 가슴 크기나 어깨너비와 균형이 맞도록 입자.

[가슴이 크다] 어두운색 상의로 차분한 인상을 준다. 허리선이 강조된 옷을 입을 때는 허리를 조이고 그 위를 불룩하게 부풀려야 한다.

[가슴이 작다] 깊게 파인 브이넥 상의가 잘 어울린다.

[목이 짧다] 하이넥이나 스탠드칼라는 피한다. 목둘레가 깊게 파이거나 넓게 파인 옷이 좋다.

[목이 길다] 크루넥이 좋다. 하이넥은 헤어스타일이나 얼굴형에 따라 느낌이 달라지므로 주의하자.

[목이 굵다] 품이 넉넉한 보틀넥(bottle neckline. 하이넥의 일종으로 병의 주둥이처럼 목을 따라서 미끈하게 높아진 목둘레선-옮긴이)으로 감추자. 목둘레가 크게 파인 옷은 금기.

[목이 가늘다] 크루넥으로 말끔한 인상을 강조하자. 브이넥으로 화사함을 연출해도 좋다.

[골반이 크다] 허리 품이 크지 않은 디자인이 좋다. 주름 없는 타이트스커트나 배기팬츠 추천.

[골반이 작다] 허리 품이 넉넉한 테이퍼드 팬츠나 주름이 들어간 와이드 팬츠로 볼륨감을 연출하자.

[엉덩이가 크다] 기장이 엉덩이 아래까지 내려오는 상의로 감추자. 검은색이나 어두운색 테이퍼드 팬츠가 좋다.

[엉덩이가 작다] 엉덩이 주변의 품이 다소 넉넉한 걸프렌드 데님이 좋다. 딱 맞는 하의는 피하자.

[엉덩이가 납작하다] 품에 여유가 있는 테이퍼드 팬츠가 좋다. 하의는 허리선에 맞춰서 입자.

[엉덩이가 볼록하다] 허리에 시선이 집중되는 디자인이 좋다. 엉덩이 주변이 꽉 끼지 않도록 사이즈 선택에 신중하자.

조금 여유 있게 입기

내 몸이 더 예뻐 보이려면 '조금 여유가 느껴지는' 사이즈를 선택해야 합니다. 이건 모든 체형에 다 해당하는 만능 법칙입니다. 단, 정말로 '조금만' 여유로운 사이즈를 골라야 합니다. 특히 하의에서는 이 법칙이 기본 중의 기본이지요.

딱 맞는 스키니 팬츠를 입어서 다리 선이 그대로 드러나는 모습을 상상해 보세요. 살과 옷이 딱 달라붙어서 팽팽한 느낌이 들겠지요? '조금 여유 있는 사이즈'란 이런 느낌이 없는, 다리와 옷 사이에 약간의 여유가 느껴지는 상태를 말합니다.

옷의 라인이 몸을 따라 흐르고 있기는 하지만 딱 달라붙지는 않아서 엉덩이에서부터 밑단까지 답답한 느낌이 없는 상태. 그런 상태가 제일 좋습니다.

다만 너무 여유로운 사이즈는 뚱뚱해 보이거나 촌스러워 보이므로 피해야 합니다. 스타일이 좋아 보이려면 몸의 라인이 살짝 감춰지면서 약간의 여유가 느껴지는 사이즈를 고르세요.

다리가 가는 사람도 이 법칙을 따라야 합니다.

가는 다리를 강조하려고 일부러 달라붙는 하의를 입

는 사람도 있는데, 이건 나이가 어리거나 젊은 사람에게만 어울리지요. '조금 여유 있는 사이즈'를 입어야 스타일이 훨씬 좋아 보입니다. '에이, 설마……' 하는 생각이 드나요? 그럼, 사진을 찍어서 확인해 보세요. 약간의 여유가 주는 효과에 아마 깜짝 놀랄 거에요.

추천하는 아이템은 몸의 선을 따라 흐르면서 낙낙한 느낌이 드는 테이퍼드 팬츠(tapered pants. 무릎 아래가 점점 좁아지는 바지-옮긴이)입니다. 데님이라면 헐렁한 보이프렌드 데님(boyfriend denim. 마치 남자 친구 옷을 빌려 입은 듯한 느낌의 데님-옮긴이)보다 걸프렌드 데님(girlfriend denim. 보이프렌드 데님보다 여성스러운 느낌을 강조한 여유로운 품의 데님-옮긴이)이 더 좋습니다. 다리가 굵다면 와이드 팬츠도 추천하지만 품이 너무 크면 지나치게 헐렁해 보이므로 아주 넉넉한 사이즈는 금물입니다.

치마를 입는다면 몸의 선이 그대로 드러나는 펜슬 스커트(pencil skirt. 엉덩이와 허벅지 부분이 매우 타이트한 무릎길이의 일자형 스커트-옮긴이)보다 일자형 타이트스커트가 더 좋습니다. 이런 옷을 살 때는 직접 입어 보고 엉덩이에 여유가 없다 싶으면 피하세요.

부족한 이미지 찾아내기

이번에는 내게 부족한 이미지가 무엇인지 찾아보도록
하죠.

이를 위해서는 먼저 내가 어떤 스타일을 좋아하는지
부터 알아야 합니다. 패션 잡지도 좋고 연예인 사진도
좋으니 동경하는 스타일을 찾아서 빈 종이에 붙여 보세
요. 많이 붙일 필요는 없습니다. 대여섯 점이면 충분합
니다.

이것저것 다 오려서 붙이지 말고, 평소에 내가 정말
로 원했던 이미지가 전체적으로 잘 드러나 있는 차림새
만 골라 보세요. 이때는 코트가 예뻐서, 신발이 독특해
서 고르는 것이 아니라, '전부 좋다!'라는 느낌이 드는
차림새를 찾아야 합니다. 전체적인 분위기가 어쩐지 멋
있는, 내가 평소 꿈꾸어 왔던 그런 이미지의 차림새만
붙이세요.

다 골랐나요? 그럼, 문제 나갑니다.
그 차림새들의 공통점은 무엇인가요?
어떤 점이 멋있다고 느꼈나요?
구체적인 대답을 종이에 전부 써 보세요.
디자인이 심플하다, 헤어스타일이 화려하다, 장식이

없는 구두를 신고 있다, 색상이 통일되어 있다……. 되도록 많은 특징을 찾아내세요.

자, 이번에는 조금 전에 찾은 특징들과 내 스타일의 차이점을 써 보세요.

나는 옷의 무늬가 화려하다, 헤어스타일이 수수하다, 신발에 장식이 많다, 옷마다 색이 다르다……. 말로 표현해서 쓰면 무엇이 다른지 더 분명해집니다. 이 차이점이 현실과 이상의 차이점이기도 하지요.

나의 특징을 모르겠다고요? 그럼 평소 즐겨 입는 옷을 입고 사진을 찍어 보세요. 내 '패션 습관'을 알 수 있는 매우 효과적인 방법입니다. 신발이나 소품도 모두 꺼내서 찍어 보세요. 그런 뒤 이상적이라고 생각한 이미지와 무엇이 다른지 적어 보세요.

이런 작업을 해 보면 놀랍게도 많은 분이 자신의 아이템 중에 심플한 디자인의 아이템이 많지 않다는 사실을 깨닫게 됩니다.

STEP 5에서는 앞으로 추구할 스타일의 축이 되어 줄 심플한 기본 아이템을 엄선해 보겠습니다.

기본 하의 갖추기

코디네이션의 기본은 주연급 아이템과 조연급 아이템의 조화입니다.

주연급 아이템이란 유행하는 디자인을 그대로 반영한 외투, 눈에 확 띄는 색상의 상의 등 시선을 잡아끄는 아이템을 말합니다. 패션 테러리스트는 이 주연급 아이템만 쌓아 놓고 있는 경우가 많지요.

이런 주연급 아이템들은 패션 잡지에도 자주 등장하고 매장에서도 눈에 잘 띄는 곳에 진열되어 있어 누구나 한눈에 반해 별 고민 없이 사게 됩니다. 그런데 주연급 아이템들은 다른 옷과 매치해서 입기가 참 까다롭습니다. 어지간한 기술이 있지 않는 한, 멋지게 차려입기가 어렵지요. 그리고 그 옷에 맞춰 다른 옷을 매치해야 하므로 자기만의 개성을 잃게 됩니다. 나는 어디로 가고 옷만 남게 되지요.

이런 사태를 막으려면 내 장점을 빛내 줄 심플한 조연급 아이템이 있어야 합니다. 따라서 주연급 옷을 사기 전에 내 스타일의 축이 되어 줄 조연급 아이템, 즉 기본 아이템부터 갖추어야 하지요.

그중에서도 특히 중요한 아이템이 하의입니다. 여기저

기 매치하기 좋은 하의가 있어야 옷 입기가 수월하니까요.

STEP 4에서 자신이 동경하는 스타일이 무엇인지 확실하게 알게 되었을 텐데, 그 스타일의 느낌은 대개 상의를 통해서 표현됩니다. 하지만 모두 기본 하의가 뒷받침된 것으로, 스타일의 느낌을 살려 줄 기본 하의가 있느냐 없느냐에 따라 스타일링의 완성도가 완전히 달라지지요.

무난한 디자인이면서 내게 어울리는 하의. '약간의 여유'가 느껴지는 사이즈의 하의.

당신은 그런 하의를 갖고 있나요?

성인 여성에게 권하고 싶은 기본 하의는 다음의 네 가지입니다.

- 와이드 팬츠
- 테이퍼드 팬츠
- 타이트스커트
- 걸프렌드 데님

모두 '약간의 여유'가 느껴지는 아이템들입니다.

와이드 팬츠는 하반신이 풍만해서 고민인 사람에게 좋습니다.

밑단으로 갈수록 통이 좁아지는 테이퍼드 팬츠는 다리가 가늘어 보이는 효과가 있지요.

타이트스커트는 모든 이에게 다 어울린다고 할 수 있을 정도로 활용하기 좋은 아이템입니다. 만약 다리에 자신이 없다면 롱스커트도 괜찮습니다. 바지로는 연출할 수 없는 분위기를 자아낼 수 있으니까요.

데님을 입는다면 걸프렌드 데님이 최고의 선택일 겁니다. 라인 자체가 테이퍼드 팬츠와 비슷해서 성인 여성에게 매우 잘 어울리지요.

이 옷들을 살 때는 장식이 없는 심플한 디자인을 골라야 합니다. 유행은 따지지 말고 기장이나 라인만 생각해서 내 체형이 예뻐 보이는지 확인하세요.

아무래도 하의다 보니 기장에 민감할 수밖에 없겠지요? 다음 페이지에는 신장별로 하의를 고르는 방법과 입을 때의 주의점이 나와 있으니 옷을 고르거나 입을 때 참고하세요. 색상은 어떻게 하느냐고요? 제2장에서 소개하는 '베이스 컬러'를 강력히 추천합니다.

스타일의 중심은 기본 아이템, 그중에서도 하의가 차지합니다. 스타일을 한층 더 세련된 모습으로 바꾸고 싶다면 이러한 기본 아이템을 꼭 갖추세요.

이어서 STEP 6과 7이 나올 텐데, 그전에 제2장을 먼저 읽으셔도 좋습니다.

신장별 기본 하의와 코디네이션 요령

~157cm

체구가 아담한 사람은 상의와 하의의 비율을 잘 맞춰야 합니다. 상의는 하의에 넣어 입는 등 짧게 연출하고, 하의는 허리 위치를 높여서 길게 연출하세요. 대체로 1 : 2의 비율을 목표로 삼으면 알맞습니다. 품이 커서 볼륨이 느껴지는 디자인은 키가 더 작아 보이므로 피해야 합니다.

[와이드 팬츠] 볼륨이 적고 가운데에 주름이 잡힌 디자인은 다리가 길어 보인다. 기장은 펌프스의 굽이 조금 보일 정도가 이상적.

[테이퍼드 팬츠] 부드럽게 찰랑거리는 소재는 기장이 너무 길지 않아야 한다. 복사뼈 정도까지 오는 기장이 가장 깔끔해 보인다. 밑단을 접은 디자인은 금물.

[걸프렌드 데님] 롤업은 과유불급. 롤업으로 발목이 도드라지면 작은 키가 더 강조된다.

[타이트스커트] 허리 위치가 높아서 기장이 살짝 길어진 타이트스커트는 세로로 길어 보이는 효과가 있다.

158cm~167cm

스타일이 더 좋아 보이려면 역시 키가 커 보이도록 연출하는 것이 좋습니다. 다만 몸이 풍만하다면 풍성한 하의는 피하세요.

옷을 살 때는 하의의 기장을 꼼꼼하게 따져야 합니다. 직접 입어서 다리가 가늘어 보이는지 꼭 확인하세요.

[와이드 팬츠] 다소 볼륨이 있는 디자인은 기장이 긴 것으로 고르고, 펌프스를 신어서 스타일을 살려 준다.

[테이퍼드 팬츠] 늘어지고 찰랑거리는 소재일 때는 그 느낌이 지나치지 않은 것으로 고른다. 펌프스를 매치하면 느슨한 느낌이 사라지면서 맵시 있어 보인다.

[걸프렌드 데님] 롤업은 복사뼈 길이가 적당하다. 기장이 짧은 하의는 키가 작아 보인다.

[타이트스커트] 다리가 가장 가늘어 보이는 길이를 찾아야 한다. 1~2cm 차이에도 인상이 크게 달라진다.

168cm 이상

키가 크면 전체적인 옷차림에서 하의가 차지하는 분량이 많아질 수 있습니다. 바지를 입을 때는 기장이 너무 길지 않은 7~9부 정도가 알맞습니다.

하의와 상의의 색상을 달리하면 중간에 끊어진 느낌이 들어서 지나치게 길어 보이는 것을 막을 수 있습니다.

[와이드 팬츠] 길이가 긴 바지는 볼륨이 적당하고 밑단의 폭이 넓지 않은 것으로 고른다.

[테이퍼드 팬츠] 다소 여유로운 사이즈가 좋다. 7~9부 길이가 비율을 맞추기 좋다.

[걸프렌드 데님] 역시 여유로운 사이즈가 좋다. 롤업하여 발목을 드러내자.

[타이트스커트] 다리가 가장 예뻐 보이는 길이를 찾아서 항상 그 길이에 맞는 치마를 입는다. 너무 길지 않은, 무릎 아래까지 오는 기장이 적당하다.

테이퍼드 팬츠는 다양한 상황에서 무난하게
입을 수 있는 만능 아이템. 기본 색상을 꼭 갖
춰 놓자.

pants…FRAMeWORK

와이드 팬츠를 처음 구입한다면 통이 너무 크
지 않은 것으로 고르자. 봄, 여름, 가을에 두루
입을 수 있는 소재가 이상적이다.

pants…GALERIE VIE

타이트 스커트는 기장이 제일 중요하다. 다리가
예뻐 보이는 기장의 스커트로 엄선하자.

skirt⋯IENA

캐주얼해서 쓸모가 많은 걸프렌드 데님. 처음
산다면 두루두루 받쳐 입기 좋은 흰색을 고르자.

pants⋯MARGARET HOWELL×EDWIN

흰색 셔츠를 몸에 맞게 입기

패션 잡지나 책에서 기본 아이템으로 반드시 꼽는 것 중의 하나가 흰색 셔츠입니다. 흰색 셔츠의 매력은 '나다움'을 표현할 수 있다는 것이지요. 똑같은 셔츠를 입어도 입는 사람에 따라 전혀 다른 분위기가 풍겨 나오니까요.

멋 내는 데 관심이 없는 사람이 입으면 이 흰색 셔츠는 고가의 브랜드 상품이라고 해도 단순한 제복처럼 보일 겁니다. 하지만 패션 능력자들은 시선을 사로잡을 만큼 멋지게 소화할 줄 알지요. 사실 그런 의미에서 보면 꽤 어려운 아이템이라고도 할 수 있습니다. 흰색 셔츠를 얼마나 잘 소화하느냐에 따라 그 사람이 패션에 얼마나 관심이 있느냐를 가늠해 볼 수 있지요.

아직 이른 감이 있지만, STEP 5까지 단계를 밟았으므로 이쯤에서 흰색 셔츠에 도전해 보겠습니다. 자신에게 어울리는 기본 하의가 준비되어 있다면 흰색 셔츠를 맵시 있게 입을 수 있을 겁니다.

흰색 셔츠는 크게 두 종류로 나뉩니다. 품위가 있는 세련된 이미지냐, 아니면 캐주얼한 가벼운 이미지냐.

품위 있고 세련되게 입을 때는 다소 찰랑거리는 소

재나 단정한 인상의 면 소재를 선택하는 편이 좋습니다. 다림질을 잘해서 입어야 하고, 소맷부리를 걷어 입을 때는 손목을 보여 주는 정도가 알맞습니다. 이런 셔츠에 어울리는 하의는 와이드 팬츠나 테이퍼드 팬츠, 타이트스커트입니다. 그리고 신발은 꼭 펌프스(pumps. 끈이나 고리가 없는 굽 높은 구두-옮긴이)를 신었으면 좋겠습니다.

캐주얼하게 입고 싶다면 리넨 셔츠를 추천합니다. 단추는 가슴팍까지 풀고, 소매는 대담하게 걷어 올리세요. 하의는 와이드 팬츠, 테이퍼드 팬츠, 타이트스커트, 걸프렌드 데님, 네 가지 기본 하의와 모두 다 잘 어울립니다. 신발은 펌프스도 좋고, 스니커즈도 좋습니다.

흰색 셔츠는 하의와 마찬가지로 대충 고르지 말고 반드시 자신의 체형에 맞는 것을 골라야 합니다. 옷깃이 있는지 없는지, 품이 큰지 작은지, 단추 위치는 어떠한지, 소재는 무엇인지……. 직접 입어 보고 일일이 따져서 엄선해야 하지요. 가격에 차이가 나는 까닭은 대개 소재가 달라서입니다. 원단의 느낌이 비교적 잘 드러나는 아이템이므로 입었을 때 어떤 느낌이 드는지도 꼭 확인하세요.

'흰색 셔츠×기본 하의'라는 기본 조합을 익히면 예전보다 훨씬 더 멋있게 옷을 입을 수 있답니다.

리넨 셔츠를 구입한다면 한 벌 정도는 꼭 품질이
좋은 것을 고르자. 주름이 잡히는 모양새가 품
질에 따라 많이 좌우되는 아이템이다.
shirt…JOURNAL STANDARD

세련되고 단정한 셔츠는 자기 사이즈에 딱 맞는
것으로 고르자. 단추를 여미는 정도에 따라 표
정이 달라지는 특징이 있다.
shirt…UNIQLO+J

*여기에서는 대표적으로 소매가 긴 셔츠를 소개했지만, 소매가 없는 흰색 셔츠도 있고 그런 셔츠가 더 잘 어울리는 사람도
 있습니다. 반드시 직접 입어 보고 얼굴이 예쁘게 살아나는 디자인을 엄선하세요.

리넨 셔츠는 반드시 허리 위를 불룩하게 부풀
려서 소재의 느낌을 강조하자. 언제 어느 때고
유용한 셔츠가 되어 줄 것이다.

tops…JOURNAL STANDARD
pants…rag & bone
bag…TODAY'S SPECIAL
shoes…CONVERSE

다림질을 잘한 셔츠를 하의에 넣어서 입어 보
자. 소품으로 포인트를 주면 더욱 좋다.

tops…UNIQLO+J
pants…GALERIE VIE
bag…UNITED ARROWS
shoes…COLE HAAN

디자인 아이템 매치하기

흰색 셔츠를 맵시 있게 입을 수 있게 되었다면 이제 디자인 아이템에 도전해 볼까요?

디자인 아이템이란 형태가 독특한 옷을 말합니다. 비대칭으로 재단된 옷, 큰 리본이 장식된 옷, 살이 비쳐 보이는 시스루(see-through), 통이 아주 큰 와이드 팬츠, 풍성한 오버사이즈 팬츠 등이 디자인 아이템에 속합니다.

이렇게 눈에 확 띄는 디자인 아이템을 상의로 입을 때는 역시 심플한 기본 하의와 매치해야 균형이 맞아 보입니다. 이 법칙은 유행하는 아이템을 걸칠 때도 마찬가지로 적용되지요.

디자인 아이템은 주연급 아이템이라고 바꿔 말할 수 있습니다. 이런 주연급 아이템은 전체 복장에서 딱 한 점이면 충분합니다. 심플한 다른 옷 사이에 딱 한 점만 있어야 그 옷의 개성과 디자인이 잘 살아나니까요.

이런 아이템을 한 점 이상 몸에 걸치면 서로가 서로를 방해하는 꼴이 되어 조화롭다는 느낌보다 옷이 따로따로 논다는 느낌이 강해집니다. 디자인 아이템을 입을 때는 이 점을 반드시 주의하세요.

와이드 팬츠나 테이퍼드 팬츠, 타이트스커트와 같은 기본 아이템도 장식이 많거나 디자인이 독특해서 시선을 잡아끈다면 디자인 아이템에 속한다고 봐야 합니다. 이런 하의를 입을 때는 심플한 상의를 골라야 전체적으로 균형이 맞습니다.

주연급 아이템을 입을 때는 가방이나 신발, 액세서리, 소품 등도 심플한 조연급으로 통일해야 합니다. 그래야 주연급 아이템이 제 역할을 다 해 반짝반짝 빛이 나거든요.

다소 까다로워 보일 수 있지만, 주연급 아이템을 걸칠 때는 이 정도로 철저하게 규칙을 지켜야 '멋쟁이'가 될 수 있습니다. 주연급 아이템은 딱 하나면 충분하다는 사실을 꼭 기억하세요.

주연급 아이템은 몸에 걸치는 것만으로도 시선을 사로잡습니다. 이런 아이템을 선택할 때는 코디네이션에서 전체적인 균형을 반드시 고려해야 합니다. 악센트를 주고 싶을 때는 빨간 립스틱을 바르는 것만으로도 충분하니 아무쪼록 과도하게 자기주장이 강한 아이템을 여기저기에 걸치지 않도록 주의하세요.

헤어스타일 역시 신경 써야 합니다. 수수한 머리 끈

으로 단정하게 묶는 등 머리로 시선이 가지 않게 해야 전체적으로 균형이 맞아 보입니다. 이 단계까지 밟은 분들이라면 옷의 분위기에 맞춰서 전체적인 조화를 고려하는 일이 그다지 어렵지 않을 테지요. 헤어스타일도 패션의 하나이므로 옷에 따라 유연하게 스타일을 바꿔 보세요.

디자인 아이템은 그 '디자인' 자체가 주연입니다. 색상은 그 디자인을 돋보이게 해 주는 조연일 뿐이지요. 그러므로 이런 아이템을 고를 때는 무늬가 없거나 기본 색상을 골라야 더 세련되어 보입니다. 같은 디자인이라도 색상에 따라 인상이 크게 달라지니 디자인 아이템을 고를 때는 색상과 무늬에 주의하세요.

지금까지는 좀 더 예뻐 보일 수 있는 옷의 라인에 대해 이야기했습니다. 다음 장에서는 이를 최대한으로 활용할 수 있는 색상에 관해 알아보겠습니다.

유행을 타지 않는 트렌치코트도 시스루라면
디자인 아이템에 속한다. 시스루 코트는 반드
시 소매를 걷어 올려서 입어야 예쁘다.

coat…ANALOG LIGHTING
tops…roar
pants…Young Fabulous & Broke
bag…Maison Margiela
shoes…FABIO RUSCONI

오버사이즈 핏의 차림새야말로 패션 감각의
차이가 드러나기 쉬운 법. 루즈한 옷과 단정한
샌들을 매치하여 세련된 느낌을 연출하자.

one-piece…ANALOGLIGHTING
pants…La TOTALITE
belt…G.V.G.V.
bag…Sergio Rossi
shoes…L'Autre Chose

내 체형을 알고, 기본 아이템을 갖추자

chapter 2

'조화로운 색'을 알자

베이스 컬러 정하기

색은 패션에서 매우 중요한 요소입니다.

입는 사람의 인상을 좌우하기도 하고, 장점을 부각하거나 결점을 가려 주기도 하니까요. 옷을 얼마나 쉽게 매치하느냐 하는 문제도 옷장 속에 들어 있는 아이템들의 색에 따라 좌우됩니다. 그러므로 옷을 살 때는 색을 매우 신중하게 따져야 합니다.

계절이 바뀔 때마다 패션 잡지에서는 유행하는 색을 선보입니다. 그럼, 그런 색의 옷을 입으면 멋쟁이가 될 수 있을까요? 아니요, 그렇지 않습니다.

사실 유행하는 색을 몸에 걸치려면 상당한 패션 감각이 필요합니다. 그러나 사람들 대부분은 멋의 기본은 모른 채 유행한다는 이유만으로 그 색상의 옷을 덥석 삽니다. 색에 따라 자신의 장점이 사라질 수도, 전체적인 조화가 깨질 수도 있는데 말입니다. 멋있어 보여서 산 옷이 오히려 내 이미지를 손상할 수도 있지요.

어려운 색에 도전하기에 앞서, 우선은 자신의 패션 감각을 돋보이게 해 줄 색을 찾아야 합니다.

추천하는 색은 다음과 같습니다. 이 색들이 바로 베이스 컬러(base color), 즉 코디네이션의 바탕이 되어 줄 기본 색상입니다.

- 흰색(white, 화이트)

- 검은색(black, 블랙)

- 감색(navy blue, 네이비블루)

- 회색(gray, 그레이)

- 흐린 노란색(beige, 베이지)

- 회갈색(taupe, 토프)

- 황갈색(khaki, 카키)

이 색 중에서 세 가지 색을 골라 보세요.

우선 흰색은 꼭 필요한 색입니다. 누구에게나 어울리는 색이지요. 다른 색을 돋보이게 해 주고, 인상도 밝아 보이게 합니다. 흰색이라면 새하얀 흰색도 좋고, 약간 노란 빛이 도는 상아색(ivory, 아이보리)도 좋습니다.

이어서 검은색(블랙)이나 감색(네이비블루) 중 어느 하나를 고르세요. 사람들은 크게 검은색이 잘 어울리는 사람과 감색이 잘 어울리는 사람으로 나뉩니다. 당신은 어느 쪽인가요? 검은색이나 감색을 얼굴에 대 보고 잘 어울리는 색을 고르세요. 드물게는 양쪽 색이 모두 어울리는 사람도 있는데, 그런 경우에는 두 가지 색을 다 고르세요.

이번에는 회색(그레이), 흐린 노란색(베이지색), 회갈색 (토프), 황갈색(카키) 중에서 한 가지 색을 고릅니다. 앞에 서 고른 두 색에 더해 자신에게 대 보았을 때 가장 잘 어울리는 색을 고르면 됩니다.

다 골랐나요? 이 세 가지 색이 당신의 베이스 컬러입 니다.

베이스 컬러란 코디네이션에서 바탕이 되는 색을 말 합니다. 당신이 멋을 내는 데 있어 가장 중요한 색이기 도 하지요. 이 STEP의 마지막에 일목요연하게 정리해 두었으니 꼭 참고하세요.

옷장 속 아이템들의 색은 이 세 가지 색이면 충분합 니다.
"고작 세 가지?"
말도 안 된다고요? 하지만 정말입니다. 세 가지 색이

면 충분합니다. 코디네이션의 기본은 색의 조합이라고도 할 수 있습니다. 옷마다 색이 다르므로 매치하기가 어려운 것이지요.

옷장을 한번 열어 보세요. 여러 가지 색이 눈에 띄지요? 그 옷들을 제대로 활용하고 있나요? 마음에 드는 색이어서 구입했는데 막상 입으려고 하면 어떤가요? 매치하기가 어려워서 한 가지 패턴으로밖에 입지 못한다거나, 선뜻 손이 가지 않아서 차라리 다른 옷을 입게 되지는 않나요?

베이스 컬러의 옷들은 다릅니다. 고민하지 않고 아무거나 꺼내 입어도 서로 조화로워서 패션 감각이 뛰어나 보이지요. 이것저것 다 매치할 수 있으니 활용 폭도 넓어지고요. 제가 스타일리스트로서 개인 고객에게 제안하는 쇼핑 아이템들도 대개는 베이스 컬러입니다.

"입지 않는 옷이 없다. 코디네이션에 실패가 없다. 쇼핑에 낭비가 없다."

이런 이상적인 모습을 이루어 주는 것이 바로 세 가지 베이스 컬러입니다. 이 색들만 갖추고 있으면 누구나 쉽게 품격 있는 멋쟁이가 될 수 있습니다.

또한, 베이스 컬러는 이미 가지고 있는 옷들과도 잘 어울립니다. 입을 기회가 적었던 옷이나 유행하는 색의 옷도 이 베이스 컬러의 옷만 있으면 쉽게 매치할 수 있습니다. 베이스 컬러의 옷 한 벌이면 열 가지, 열다섯 가지 코디네이션이 가능해집니다.

눈에 확 띄는 색이나 무늬는 좀 더 나중으로 미뤄 두세요. 지금 단계에서는 베이스 컬러로만 시작하는 것이 좋습니다. 색상 차트만 보고 베이스 컬러를 고르는 방법도 있지만, 좀 더 정확히 고르고 싶다면 주변 사람들에게 어느 색이 자신에게 잘 받는지, 어느 색을 입었을 때 더 예뻐 보이는지 물어보세요.

당신이 고른 세 가지 베이스 컬러는 무엇인가요? 이 세 가지 색으로 코디네이션을 해 보세요.

베 이 스 컬 러 차 트 (3색)

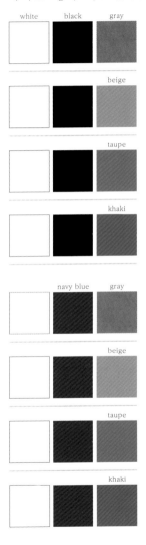

white black gray

beige

taupe

khaki

navy blue gray

beige

taupe

khaki

흰색을 반드시 사용하기

베이스 컬러 차트를 봐 주세요. 모든 사람의 베이스 컬러에 '흰색'이 들어가지요?

흰색은 누구에게나 잘 어울립니다. 어느 상황에서나 코디네이션의 훌륭한 악센트가 되어 주는 만능 색이지요. 게다가 계절에 구애를 받지도 않습니다. 흰색을 사용하는 것이 멋쟁이가 되는 지름길입니다.

옷의 색이 많아지면 그만큼 전체적으로 어수선한 느낌이 듭니다. 색상마다 주장이 강해서 멋진 옷을 골라 입어도 서로 방해가 되어 효과가 반감되지요. 흰색을 사용하면 이런 안타까운 상황을 막을 수 있습니다.

잊지 마세요. 어느 한 곳에 반드시 흰색을 사용하는 것이 코디네이션을 잘하는 요령입니다. 방법도 간단합니다. 상의나 하의 어느 한쪽을 흰색으로 입으면 됩니다. 이렇게만 입어도 예전보다 훨씬 세련되어 보일 겁니다.

단, 한 가지 주의해야 할 점이 있습니다. 가리고 싶은 신체 부위에는 흰색을 사용하지 마세요. 어두운색을 사용해야 눈에 덜 띄거든요. 하반신이 걱정인 사람은 하의를 어두운 베이스 컬러로 정하고, 흰색은 상의에 사

용해야 합니다. 제1장에서 소개한 기본 하의(와이드 팬츠,
테이퍼드 팬츠, 타이트스커트, 걸프렌드 데님)를 어두운 베이스
컬러로 고르면 매치해서 입기가 편하겠지요?

이와 반대로, 가슴을 강조하고 싶지 않은 사람은 어
두운 베이스 컬러 상의에 흰색 하의를 입으면 됩니다.
역시 기본 하의를 흰색으로 갖춰 놓으면 옷 입기가 편
해집니다. 특히 추천하고 싶은 옷은 와이드 팬츠와 걸
프렌드 데님입니다. 흰색 하의는 아무래도 비칠까 봐
신경이 쓰이지요? 다소 여유로운 와이드 팬츠와 두께
감이 있는 걸프렌드 데님을 선택하면 안심하고 입을 수
있습니다.

짜임이 조밀한 니트와 와이드 팬츠. 성인 여성
의 고정 코디네이션이지만 회갈색을 선택해
우아한 느낌을 살렸다.

tops···chalayan
pants···AILE par IENA
bag···PRADA
shoes···COLE HAAN

재킷과 이너웨어는 반드시 색조를 맞추자. 같은
색조로 통일하면 하나로 정리된 느낌이 든다.

jacket···Lemaire
tops···UNITED ARROWS
pants···GALERIE VIE
bag···J&M DAVIDSON
shoes···Sergio Rossi

풍성한 상의에는 통이 좁은 하의를 입어서 균형을 잡아 준다.

tops…JOURNAL STANDARD relume
pants…JAMES PERSE
bag…Maison Margiela
shoes…FABIO RUSCONI

흔히 입는 흰색 리넨 셔츠를 웨이스트 마크(waist mark 허리에 주목한, 허리를 강조한 디자인-옮긴이) 하의와 매치하면 독특하면서도 세련된 느낌이 든다.

tops…JOURNAL STANDARD
pants…mare la latte
bag…Sergio Rossi
shoes…PELLICO

굳이 체형을 숨길 필요가 없는 사람은 양쪽의 코디네이션을 모두 즐기면 됩니다.

상의가 밝으면 얼굴색도 밝아 보입니다. 하의가 밝으면 귀엽고 젊어 보이지요. 바지는 특히 상의보다 면적이 두 배 이상 많아서 바지를 흰색으로 입으면 전체적인 느낌이 말끔하고 상쾌해집니다.

앞 단계에서 흰색은 새하얀색도 좋고 약간 노란 빛이 도는 상아색도 좋다고 했는데, 상아색보다는 새하얀색이 조금 더 날씬해 보이는 효과가 있습니다.

옷을 입을 때는 색의 가짓수가 줄어야 통일감이 살아나 멋있어 보입니다. 저는 베이스 컬러 중 한 가지 색을 고르고 여기에 흰색을 더해 두 가지 색으로만 옷을 입습니다. 평일이든 휴일이든, 언제나 말이지요.

원 컬러 코디네이션

원 컬러 코디네이션이란 상의와 하의를 같은 색으로 맞춘 코디네이션을 말합니다. 원피스나 한 벌짜리 상·하의가 여기에 속한 대표적인 아이템이지요. 꼭 한 벌짜리 옷이 아니더라도 상·하의의 색을 맞추면 원 컬러 코디네이션을 즐길 수 있습니다. 단, 이럴 때는 색만 맞추는 것이 아니라 색감이나 색조도 같이 통일해야 멋스럽습니다. 원 컬러 코디네이션은 상반신과 하반신의 경계가 두드러지지 않아서 키가 커 보이는 효과가 있습니다. 색의 가짓수도 줄어들어 말끔하고 세련되어 보이기 때문에 초보자도 손쉽게 멋을 낼 수 있지요.

이 코디네이션에 처음 도전한다면 언제나 그렇듯 베이스 컬러로 시작하세요. 애초에 원피스나 한 벌짜리 상·하의를 살 때 베이스 컬러 중 어느 한 가지 색으로 고르면 전체 스타일을 완성하기가 편해질 겁니다. 겨울에 입는 롱코트도 원 컬러 코디네이션 아이템에 속하므로 베이스 컬러로 사세요.

가장 심플한 코디네이션이기는 하지만 원 컬러 코디네이션을 멋지게 소화하려면 약간의 요령을 알아야 합니다. 바로, 가방이나 신발은 다른 색으로 매치해야 한다는 점이지요. 머리끝에서 발끝까지 한 가지 색으로 통일하면 패션 감각이 어지간히 뛰어난 사람이 아니고서야 멋있어 보일 리 없습니다.

옷이 한 가지 색으로 통일되면 소품은 다른 색으로 골라서 전체 차림새에 변화를 주세요. 이때 소품 색깔을 베이스 컬러 중 어느 한 가지 색으로 고르면 절대로 실패할 일이 없습니다. 옷을 검은색으로 통일했다면 신발과 가방은 황갈색으로 매치하고, 옷이 감색이라면 소품은 흰색으로 고르는 식이지요.

소품 색깔에 변화를 주면 원 컬러 코디네이션도 돋보이고, 그 소품도 눈에 띄는 일거양득의 효과를 노릴 수 있습니다. 꼭 소품이 아니더라도 우리의 피부 역시 그와 같은 역할을 할 수 있습니다. 목둘레에 여유가 있는 디자인을 골라서 목 언저리를 드러낸다거나, 긴 소매를 살짝 걷어 올려서 손목을 드러낸다거나, 발등이 많이 파인 펌프스를 신어서 발등과 발목을 드러낸다거나……. 조금만 궁리하면 신체를 이용해서 전체 착장에 균형을 잡아 줄 수 있습니다.

단, 겨울에는 원 컬러 코디네이션에 주의를 기울여야 합니다. 겨울에는 검은색 타이츠에 검은색 부츠를 신기 쉬운데, 이렇게 매치하면 색이 하나로 이어져 무거운 인상을 줄 수 있습니다. 일반적으로 다리가 길어 보이는 조합으로 알려졌지만, 옷까지 검은색으로 통일하면 차림새 전체가 새까매지고 맙니다. 이럴 때는 색조를 달리해서 타이츠를 어두운 회색(charcoal gray. 차콜 그레이)으로 골라 보세요. 무거운 느낌도 덜어 내고 맵시 있어 보일 겁니다.

심플한 롱 원피스도 소품으로 악센트를 주면
멋지게 연출할 수 있다.

one-piece…ALEXANDER WANG
bag…Sergio Rossi
shoes…L'Autre Chose

한 벌짜리가 아닌 상·하의로 원 컬러 코디네
이션을 할 때는 반드시 색조를 맞추어야 한다.

tops…FORDMILLS
pants…MACPHEE
bag…PRADA
shoes…COLE HAAN

검은색 코디네이션에 검은색 타이츠까지 더
해지면 무거워 보일 수 있으므로 어두운 회색
으로 변화를 준다.

one-piece…MM⑥
bag…Maison Margiela
shoes…FABIO RUSCONI

겨울에 자주 입는 외투는 활용하기 편하게 베
이스 컬러로 장만하자.

coat…totem
knit…UNIQLO
bag…Maison Margiela
shose…L'Autre Chose

세 가지 색 베이스 컬러로 매치하기

멋진 코디네이션은 복장 전체가 조화로워 보인다는 특징이 있습니다.

그런 의미에서 여기저기에 많은 색을 사용하는 것은 바람직하지 않습니다. 하지만 안타깝게도 사람들은 옷을 입고 소품을 매치할 때 꽤 많은 색을 사용합니다.

전체적으로 정돈되어 보이려면 '전체 코디네이션을 세 가지 색 이내로 끝내야' 합니다. 이는 패션 전문가들이 항상 입을 모아 강조하는 법칙이기도 하지요.

그럼, 어떤 색이든 세 가지 색이기만 하면 다 좋을까요? 그렇지는 않습니다. 색에도 궁합이 있거든요. 조화로운 조합이 있는가 하면, 한 가지 색만 튀거나 전체적으로 정신 사나워 보이는 조합도 있습니다.

옷을 입기 전에 우선 STEP 1의 베이스 컬러 차트를 보고 마음에 드는 조합을 골라 보세요. 그리고 그 색에 맞춰 옷을 입어 보세요.

베이스 컬러 차트에 나온 조합들은 저의 오랜 경험을 토대로 고안해 낸 것들입니다. 차트에 나온 세 가지 색으로 전체 코디네이션을 정리하면 성숙한 분위기를 연출할 수 있습니다. 이 차트를 꼭 활용해 보세요. 특히 코디네이션에 자신이 없는 사람, 코디네이션에 시간을 들일 수 없는 사람, 적은 옷을 훌륭하게 활용하고 싶은 사람에게 적극적으로 추천합니다.

차트에 나온 색들이 모두 베이스 컬러라서 '너무 무난한 거 아니야?'라는 의구심이 들 수도 있습니다. 하지만 걱정하지 마세요. 이 정도로 색을 억제해야 '꾸미지 않은 듯한 자연스러운 멋'을 연출할 수 있습니다.

옷장 속에 딱 맞는 세 가지 색이 없다면 우선 가장 가까운 색으로 매치해 보세요. 비슷한 색도 없어서 세 가지 색 코디네이션이 불가능하다면 제1장을 참고하여 기본 아이템을 몇 벌 장만하는 것도 좋습니다. 단, 너무 많이 사지는 마세요. 옷이 많으면 그만큼 코디네이션 고민도 늘게 되니까요. 처음에는 정말 필요한 몇 벌만 있으면 됩니다. 그 옷들을 조합해서 입고, 거울을 보며 전체 모습을 확인하세요. 그리고 친구들을 만나 보세요. 오늘 좀 멋지다는 소리를 들을지도 모릅니다.

세 가지 베이스 컬러 코디네이션의 예로 흰색, 검은
색, 회색의 조합을 알아보겠습니다. 사용한 아이템은
옷 9벌, 소품 5개입니다.

- 기본 하의 4벌(흰색 와이드 팬츠, 검은색 테이퍼드 팬츠, 흰색
  걸프렌드 데님, 검은색 타이트스커트)
- 상의 3벌(흰색 셔츠, 흰색 티셔츠, 회색 브이넥 니트)
- 외투 2벌(회색 롱 카디건, 검은색 맨즈 카디건)
- 신발 2켤레(검은색 펌프스, 흰색 스니커즈)
- 가방 2개(검은색 가방, 흰색 에코백)
- 허리띠(검은색 새시 벨트)(sash belt. 부드러운 천으로 만든 벨
  트-옮긴이)

이 아이템으로 구성된 코디네이션은 평일에도, 휴일
에도, 격식 있는 자리에도, 캐주얼한 상황에도 두루두
루 잘 어울립니다. 겨울을 제외한 세 계절에 모두 입을
수 있고, 기본 디자인에 기본 색상이라서 활용 폭도 넓
습니다.

옷이 얇아지는 시즌에는 하의와 상의, 신발, 가방, 이

렇게 네 가지 아이템을 세 가지 색으로 조합하면 됩니다. 옷이 두꺼워지는 시즌에는 여기에 외투를 더해서 다섯 가지 아이템을 사용하지요.

전체 복장을 세 가지 색 이내로 조합하려면 한두 가지 아이템을 같은 색으로 고르면 됩니다.

제가 추천하는 코디네이션을 참고하여 자신에게 어울리는 세 가지 색 베이스 컬러 코디네이션을 생각해 보세요.

세 가 지 색 으 로 구 성 하 는
열 두 가 지 코 디 네 이 션

흰색 셔츠, 회색 브이넥 니트, 흰색 티셔
츠가 있으면 코디네이션의 폭이 매우 넓
어진다. 색조는 밝은 것으로 고르자.

❶ t-shirt⋯velvet
❷ knit⋯UNIQLO
❸ shirt⋯JOURNAL STANDARD

네 가지 기본 하의는 베이스 컬러 중에
서도 흰색이나 어두운색이 좋다. 자신의
체형이 좀 더 예뻐 보이는 라인과 기장
을 엄선하자.

❹ tapered pants⋯FRAMeWORK
❺ girlfriend denim⋯MARGARET HOWELL ×
EDWIN
❻ tight skirt⋯D&G
❼ wide pants La TOTALITE

외투는 세 가지 색 중에서도 회색이 가장 좋다. 맨즈 카디건을 상의로 입을 때는 여유로운 품을 그대로 살려서 입거나 허리띠를 두르자.

❽ long cardigan…UNIQLO
❾ men's cardigan…UNIQLO

소품은 모두 흰색이나 검은색으로 골라 심플한 코디에 악센트로 사용하자. 펌프스와 스니커즈가 있으면 격식 있는 자리와 캐주얼한 자리에 모두 대응할 수 있다.

❿ clutch bag…Maison Margiela
⓫ pumps…FABIO RUSCONI
⓬ belt…B.C STOCK
⓭ sneakers…CONVERSE
⓮ ecobag…TODAY'S SPECIAL

'조화로운 색'을 알자

흰색으로 통일한 코디네이션. 어깨에 걸친 니트로 색에 변화를 주었다.

❶ + ❷ + ❼ + ⓭ + ⓮

외투의 소매를 걷어 올려 셔츠를 드러내는 것이 이 코디네이션의 포인트.

❸ + ❼ + ❽ + ❿ + ⓫

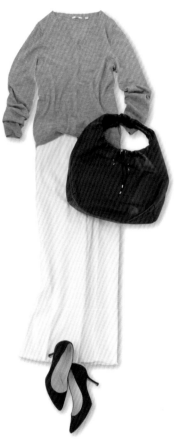

흰색으로 통일한 코디네이션에 검은색 소품으로 악센트를 주었다. 깔끔하면서도 화려한 인상을 준다.

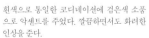

브이넥 니트와 와이드 팬츠의 단골 코디네이션. 차분한 색으로 우아한 분위기를 연출했다.

❷ + ❼ + ❿ + ⓫

일할 때도 많이 입는 흰색 셔츠. 어깨에 걸친 브이넥 니트가 부드러운 느낌을 더해 준다.

❷ + ❸ + ❹ + ❿ + ⓫

캐주얼한 복장이지만 검은색의 영향으로 차분해 보인다. 가방의 로고가 악센트.

❶ + ❹ + ❾ + ⓭ + ⓮

심플한 티셔츠에 바지통이 그다지 넓지 않은
테이퍼드 팬츠를 매치하면 직장인 패션으로도
손색이 없다.

❶ + ❹ + ❽ + ❿ + ⓫

검은색×회색의 심플 코디네이션. 에코백의 로
고를 활용하면 더욱 멋스럽게 연출할 수 있다.

❷ + ❹ + ⓭ + ⓮

맨즈 카디건의 단추를 하나 풀어서 검은색 코디네이션과 흰색의 균형을 맞추었다.

옷깃이 없는 외투는 캐주얼한 자리에도 잘 어울린다. 스니커즈와 매치해 보자.

❶ + ❻ + ❽ + ⓭ + ⓮

맨즈 카디건의 단추를 채우면 상의로도 입을
수 있다. 허리에 시선이 가도록 연출하면 멋스
럽다.

❺ + ❾ + ❿ + ⓫ + ⓬

캐주얼한 걸프렌드 데님도 펌프스와 매치해
서 입으면 우아해 보인다.

❸ + ❺ + ❿ + ⓫

갈색이나 데님으로
변화의 폭 넓히기

앞 단계에서 베이스 컬러의 조합을 익혔다면 이제 서
서히 색의 폭을 넓혀 보겠습니다. 단, 멋을 내는 데는
STEP 4까지만으로도 충분합니다. 세 가지 색 이내로 코
디네이션을 정리하면 어느 때라도 멋지게 자신을 연출
할 수 있지요.

이제부터 소개할 단계들은 어디까지나 참고용입니
다. 불필요하다고 느낀다면 세 가지 색 코디에만 집중
해도 됩니다.

세 가지 색 베이스 컬러에 약간의 변화를 주고 싶다
면 어두운 회색(charcoal gray. 차콜 그레이), 어두운 갈색(dark
brown. 다크 브라운), 그리고 데님을 추천합니다. 모두 베이
스 컬러와 궁합이 잘 맞는 색이지요.

어두운 회색은 외투나 하의에 사용하기 좋고, 어두운
갈색은 신발이나 가방에 쓰기 좋습니다. 데님은 하의도
좋고, 셔츠에 사용해도 멋지고요.

지금 소개한 색들을 좋아하지 않거나 자신에게 어울리는 색이 아니라고 느낀다면 굳이 코디네이션에 활용할 필요는 없습니다.

이 세 가지 색은 베이스 컬러에 준하는 색이기도 합니다. 난이도가 조금 높아지기는 하지만, 이 단계까지 왔다면 기존의 세 가지 색에 지금 소개한 세 가지 색을 더해서 베이스 컬러를 모두 여섯 가지 색으로 늘려도 괜찮습니다.

'드디어 데님이 나왔구나!' 하고 반가워하는 분도 계시지요? 그런데 데님은 우리가 아주 흔하게 입는 옷이기는 하지만 사실 꽤 까다로운 아이템입니다. 아, 물론 걱정할 필요는 없습니다. 여섯 가지 베이스 컬러 안에서라면 매치해서 입기가 수월할 테니까요.

베이스 컬러가 늘기는 했지만 전체 복장은 여전히

세 가지 색으로 맞춰야 합니다. 단, 세 가지 색에 흰색이 포함되지 않은 경우에만 흰색을 살짝 더해 주세요. 이 흰색의 효과로 훨씬 세련되어 보일 겁니다. 흰색 이너웨어를 살짝 드러내거나, 흰색 에코백을 들거나, 흰색 스니커즈를 신거나…… 약간의 흰색이 전체 복장에 훌륭한 양념 역할을 해 줄 겁니다.

컬러 차트 (6색)

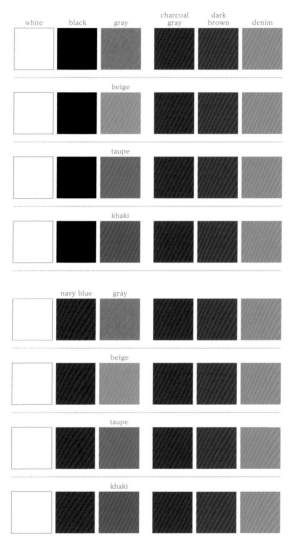

| | white | black | gray | charcoal gray | dark brown | denim |

흰색×데님×어두운 갈색. 기장이 짧은 상의에
버기 데님(buggy denim)을 매치하여 다리가 길어
보이게 연출했다.

cardigan…IENA
tank top…UNIQLO
pants…rag & bone
shoes…PELLICO

흐린 노란색×데님×회갈색의 상급자 코디네
이션. 색조를 맞추면 통일감이 느껴진다.

tops…VIRGINIE CASTAWAY
pants…D&G
bag…STAR MELA
shoes…COLE HAAN

흰색×검은색×어두운 회색. 무늬가 들어간
옷은 소품과 색을 맞추면 통일감이 살아난다.

tops…MACPHEE
skirt…GALERIE VIE
bag…Maison Margiela
shoes…L'Autre Chose

어두운 회색×데님×회갈색에 흰색을 더한
다. 흰색의 효과로 스타일이 더 멋스러워졌다.

coat…JAMES PERSE
t-shirt…velvet
pants…D&G
bag…PRADA
shoes…COLE HAAN

데님×흰색×어두운 갈색. 데님 셔츠는 살짝
풀어 헤쳐서 입고, 가방으로 악센트를 주었다.

tops…FORDMILLS×Lee RIDERS
pants…DOLCE & GABBANA
bag…Sergio Rossi
shoes…PELLICO

어두운 갈색×흰색×회색. 심플한 옷도 색에
따라 강한 인상을 남기는 코디네이션이 될 수
있다.

tops…JOHN SMEDLEY
pants…La TOTALITE
bag…BALENCIAGA
shoes…IENA

데님×흐린 노란색×검은색. 펌프스에 매치
하면 에코백이 더욱 멋스러운 패션 아이템으
로 느껴진다.

tops…FORDMILLS×Lee RIDERS
pant…PAOLA FRANI
belt…B.C STOCK
bag…TODAY'S SPECIAL
shoes…FABIO RUSCONI

어두운 회색×흐린 노란색×어두운 갈색에
흰색을 더한다. 흰색의 효과로 말끔하고 세련
되어 보인다.

coat…JAMES PERSE
tops…VIRGINIE CASTAWAY
pants…La TOTALITE
bag…Sergio Rossi
shoes…PELLICO

색을 더 늘리고 싶다면
플러스 원 컬러에 도전하기

'좀 더 화려한 색의 옷을 입고 싶은데…….'

이런 생각이 든다면 '플러스 원 컬러'에 도전해 보세요.

이번 단계에서는 유행에 좌우되지 않는 근사한 색을 코디네이션 배색에 더해 줄 겁니다. 이 단계에서 소개하는 색 중에 자신에게 어울리는 색, 자신이 좋아하는 색을 골라서 코디네이션의 폭을 넓혀 보세요.

제가 추천하는 색들은 모두 '베이스 컬러'와 궁합이 잘 맞습니다. 베이스 컬러에 이 색을 매치하면 누구나 쉽게 근사한 코디네이션을 즐길 수 있지요. STEP 5에서 어두운 회색, 어두운 갈색, 데님을 추가한 분들은 이 색들도 베이스 컬러로 생각해 주세요.

플러스 원 컬러를 배색하는 방법은 지금까지와 같습니다. 전체 복장을 플러스 원 컬러까지 포함해서 모두 세 가지 색 이내로 끝내면 되지요. '플러스 원 컬러 1색 +베이스 컬러 2색'이라고 생각하면 쉽습니다. 마음에 든다고 이 색 저 색 늘리지 말고, 꼭 필요한 색만 한 가지 더해 주세요.

만약 색조가 무거워진다 싶으면 어느 한 곳에 흰색

을 사용하세요. '플러스 원 컬러 1색+흰색+베이스 컬러 1색'으로 배색하는 것이지요.

플러스 원 컬러 중에서도 옅은 색은 자칫 유치하거나 지나치게 로맨틱해 보일 우려가 있습니다. 이런 색은 레이스나 나풀거리는 디자인의 옷보다 심플한 디자인의 상의나 통이 좁은 하의 등 형태가 뚜렷한 아이템에 사용해야 합니다. 디자인과 색으로 로맨틱함을 조절하면 성인 여성의 코디네이션에서 유치한 느낌 없이 화사함을 더해 줄 수 있습니다. 체형을 보완하고 싶은 부분에는 어두운색을 사용해야 한다는 점도 잊지 마시고요.

사용하는 색이 늘면 가방이나 신발까지 포함해서 모든 아이템을 세 가지 색 이내로 정리하기가 어려워질 수도 있습니다. 이럴 때는 어느 한 곳에 흰색을 더해 주세요. 따로따로 놀던 옷들이 하나로 모아지는 듯한 느낌이 들 겁니다. 잊지 마세요. 통일감이 부족할 때는 흰색이 필요하다는 사실을.

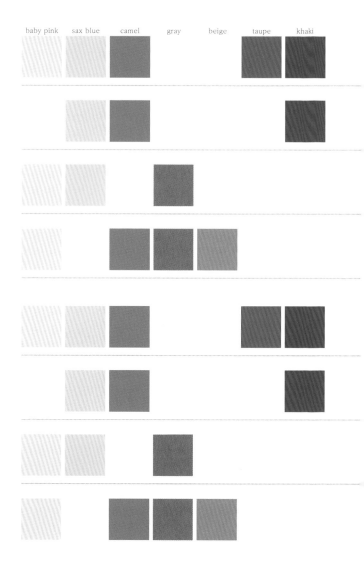

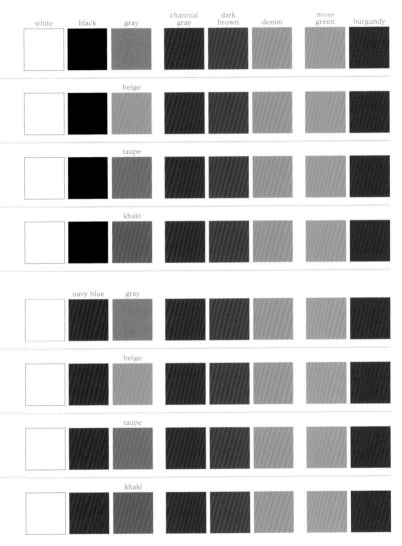

white　black　gray　charcoal gray　dark brown　denim　moss green　burgundy

beige

taupe

khaki

navy blue　gray

beige

taupe

khaki

어두운 회색×흐린 분홍색×회색에 흰색을
더해, 흰색이 다른 두 색의 배색을 돕는다.

coat…JAMES PERSE
tops…TOMORROWLAND
pants…DOLCE & GABBANA
bag…BALENCIAGA
shoes…IENA

흰색×흐린 분홍색×어두운 갈색. 곱고 옅은
색은 심플한 디자인의 옷에 사용해 유치하고
로맨틱한 느낌을 덜어 낸다.

tops…JOURNAL STANDARD
pants…RING
bag…Sergio Rossi
shoes…L'Autre Chose

흰색×황록색×어두운 갈색. 심플한 코디네
이션에 가방으로 악센트를 주었다.

tops…JOURNAL STANDARD
pants…40Weft
bag…Sergio Rossi
shoes…L'Autre Chose

낙타색×흰색×검은색. 면적을 많이 차지하
는 낙타색의 느낌을 흰색과 검은색으로 눌러
줌으로써 오히려 낙타색이 멋스러워 보이는
효과를 노렸다.

punch knit…sulvam
t-shirt…velvet
pants…DOLCE & GABBANA
belt…UNITED ARROWS
bag…Maison Margiela
shoes…FABIO RUSCONI

'조화로운 색'을 알자

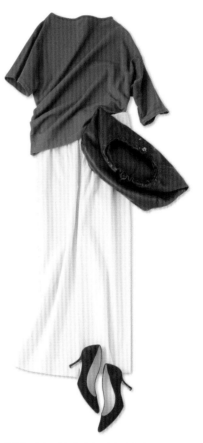

흐린 노란색×어두운 회색×검은색×흰색.
아래로 매끄럽게 떨어지는 상의를 이용해 클
래식한 느낌의 캐주얼을 연출했다.

tops…miu miu
skirt…GALERIE VIE
bag…TODAY'S SPECIAL
shoes…PALOMA BARCELO

황갈색×흰색×검은색. 자기주장이 강한 디
자인의 상의는 베이스 컬러로 골라 너무 튀지
않도록 한다.

tops…EVA DI FRANCO
pants…AILE par IENA
bag…Maison Margiela
shoes…FABIO RUSCONI

검은색×진한 자주색×흰색. 영향력이 강한
색은 타이츠 등에 사용해 보자.

one-piece…mizuiro ind
bag…J&M DAVIDSON
shoes…Sergio Rossi

회색×회청색×감색에 흰색을 더해. 목과 손목
의 흰색이 전체 복장을 정돈하는 역할을 한다.

stole…KLIPPAN
tops…JOURNAL STANDARD
pants…GALERIE VIE
bag…UNITED ARROWS
shoes…COLE HAAN

'조화로운 색'을 알자

선명한 색에 도전하기

옷의 색이 예쁘면 한눈에 반해서 덜컥 사게 됩니다. 하지만 이런 옷은 매치하기 어려워서 한두 가지 패턴으로밖에 입지 못하지요. 정말 좋아하는 색이지만 매치하기어려운 색. 이번 단계에서는 그런 어려운 색이나 최신유행 컬러, 혹은 지금까지 입어 보지 못한 색에 도전하는 방법을 알아보겠습니다.

선명하고 화려해서 눈에 확 띄는 색. 이런 악센트 컬러를 조화롭게 배치하려면 역시 흰색으로 균형을 잡아주는 것이 좋습니다. 그리고 전체 복장을 세 가지 색 이내로 끝내야 한다는 법칙도 지켜야 하고요. 구체적으로는 STEP 6의 플러스 원 컬러에서도 소개한 다음의 패턴을 사용하면 좋습니다.

악센트 컬러 1색+흰색+베이스 컬러 1색

여기에서 말하는 베이스 컬러에는 어두운 회색, 어두운 갈색, 데님도 포함됩니다. 예를 들면, '빨간색+흰색+데님'도 잘 어울리고, '초록색+흰색+감색'도 보기에 좋습니다. '분홍색+흰색+황갈색'이나 '주황색+흰색+흐린노란색'도 괜찮습니다. 서로 어울리기 힘든 색끼리 매치할 때 흰색을 넣어 주면 그 불협화음을 중화시킬 수 있습니다.

또한, 악센트 컬러의 분량을 전체의 10~20%로 낮추면 좀 더 쉽게 정돈된 느낌을 낼 수 있습니다. 강렬한 색을 도입하고 싶다면 우선은 소품처럼 분량이 적은 곳에 사용해 보세요. 의외로 잘 모르는 분들이 많은데, 이것이 뒤죽박죽 패션을 피하는 요령이기도 합니다. 세 가지 색을 비슷한 분량으로 사용하면 칠칠하지 못한 인상을 줄 우려가 있습니다.

악센트 컬러와 베이스 컬러 사이에도 궁합이 있습니다. 빨간색이나 분홍색 같은 악센트 컬러에는 '검은색, 회색, 흰색'이 잘 어울리고, 노란색이나 파란색 등에는 '감색, 회색, 흰색'이 잘 어울립니다. 흐린 노란색이나 황갈색이 베이스 컬러로 쓰인다면 주황색이나 초록색을 악센트 컬러로 도입해 보세요. 회갈색에는 선명한 겨자색도 멋집니다.

흔히 매치하기 어려워 보이는 색이나 자신에게 어울리지 않는다고 생각하는 색은 쇼핑 단계부터 배제하게 됩니다. 그러나 무조건 피하지 말고 얼굴에서 멀리 떨어진 곳에 조금씩 사용해 보세요. 그런 의미에서 보면 펌프스는 악센트 컬러를 도입하기에 매우 좋은 아이템 입니다. '내게 안 어울리는 색인데……' 하고 멀리했던 색도 이렇게 도전해 보면 의외로 근사해 보이거나 자신 에게 잘 어울릴 수 있습니다. 그렇게 하면 색을 쓰는 데 폭이 넓어져서 멋 내는 것이 더 즐거워지지요.

　이런 도전이 쌓이면 맵시 있게 입는 능력이 향상되 어 어울리지 않았던 옷이 어울리게 됩니다.

　'어울리지 않았던 옷이 어울리게 된다고?'

　네, 그렇습니다. 코디네이션을 잘하게 되면 즉, '맵시 있게 입는 능력'이 향상되면 자연스럽게 자신에게 어울 리는 색상이 늘어나게 되지요.

　STEP 1에서는 베이스 컬러를 세 가지로 좁혔었지만, 패션 초급자에서 상급자로 발전하면 검은색, 감색, 회 색, 흐린 노란색, 회갈색, 황갈색이 베이스 컬러에 합류 하게 됩니다. 그러면 플러스 원 컬러도 늘게 되어 어떤 악센트 컬러든, 어떤 무늬든 간에 조화롭게 매치해서 입을 수 있습니다.

패션 잡지에 나오는 코디네이션은 대개 STEP 7의 단계에 해당합니다. 게다가 전문 스타일리스트가 모델에 어울리는 색상, 디자인, 최신 유행을 섬세하게 반영하여 수많은 선택지 가운데 가장 멋있어 보이는 딱 하나의 스타일링을 선보이지요. 물론 다른 옷들과 활용하기 좋은 옷을 소개할 때도 있지만, 대개는 그 순간만을 위한 코디네이션을 합니다.

그렇게 코디네이션한 옷을 내 옷장에 가져오면 어떤 일이 벌어질까요? 다른 아이템과 골고루 매치해서 입기가 매우 어려울 겁니다. 그나마 잘 어울리는 신발, 하의, 상의가 정해지면 그 옷은 항상 그 패턴으로만 입게 되지요. 그동안 멋 내기가 어렵게 느껴진 까닭은 기초 단계를 거치지 않고 느닷없이 상급자 흉내를 내려고 했기 때문입니다.

STEP 1~6까지의 단계를 착실하게 거치면 패션 잡지를 보는 눈이 달라집니다. 활용하기 좋은 아이템이나 보기에만 예뻐 보이는 아이템을 냉정하게 골라낼 수 있습니다. 이런 판단력이 생기면 낭비나 실패 없이 멋 내기를 즐길 수 있지요.

흰색×감색×녹색. 매치하기 어려운 색도 흰
색을 넣어 주면 정돈된 느낌을 연출할 수 있다.

tops…MACPHEE
pants…MACPHEE
bag…UNITED ARROWS
shoes…COLE HAAN

어두운 회색×흰색×노란색. 악센트 컬러가
매우 도드라질 때는 베이스 컬러로 중화하자.

tops…ADAM ET ROPE
shirt…GALERIE VIE
bag…J&M DAVIDSON
shoes…Sergio Rossi

어두운 회색×흰색×어두운 갈색×금색. 악센트는 한 곳에만.

coat…JAMES PERSE
tops…UNIQLO+J
pants…MACPHEE
bag…J&M DAVIDSON
shoes…PELLICO

검은색×흰색×분홍색. 거친 느낌의 라이더스 재킷을 매치하여 분홍색의 로맨틱 분위기를 가라앉혔다.

jacket…GOLDEN GOOSE
t-shirt…velvet
pants…Jil Sander
bag…Maison Margiela
shoes…repetto

회색×흰색×주황색. 흰색의 분량을 늘려 주
황색이 지나치게 도드라지지 않도록 했다.

tops…theory
pants…AILE par IENA
bag…sophie anderson
shoes…COLE HAAN

회색×흰색×녹색. 선명하고 화려한 색상으로
악센트를 줄 때는 반드시 한 곳에만.

one-piece…ALEXANDER WANG
bag…MAURIZIO TAIUTI
shoes…CONVERSE

chapter 3

가방, 신발 갖추기

가방과 신발의 색상 맞추기

이번 장에서는 전체 스타일을 완성하는 데 필요한 소품을 알아보겠습니다.

그중에서도 가방과 신발은 매우 중요한 요소입니다. 이 두 가지가 코디네이션을 최종적으로 결정한다고 해도 과언이 아니지요. 하지만 안타깝게도 많은 사람이 이 두 가지에 무신경합니다.

가방과 신발은 활용하기 좋은 것으로 갖추어야 합니다. 포인트는 역시 제2장 STEP 1에서 언급했던 베이스 컬러여야 한다는 점이고요. 만약 다른 색을 원한다면 STEP 5에서 소개했던 어두운 갈색이 활용하기에 좋습니다.

당신의 세 가지 베이스 컬러와 어두운 갈색. 이 색 중 어느 한 색으로 날마다 사용하는 가방과 기본 디자인의 펌프스를 갖춰 놓으면 코디네이션에 실패할 확률이 매우 낮아질 겁니다.

가방과 신발을 매치할 때 제일 중요한 것은 이 두 소품의 색상을 하나로 통일해야 한다는 점입니다. 검은색 가방을 들고 싶다면 검은색 신발을 신으세요. 단, 가방과 신발의 테이스트가 제각각이면 코디네이션 전체에서 정돈된 느낌이 사라지므로 주의해야 합니다. 테이스트란 남에게 주는 아래와 같은 인상을 말합니다.

- 격식이나 예의를 차린 느낌. 포멀(formal)하다.
- 격식을 차리지 않은 경쾌한 느낌. 캐주얼(casual)하다.

직장이나 공적인 자리의 옷차림과 사적인 자리의 옷차림을 떠올려 보세요. 느낌이 많이 다르지요? 이런 차이가 테이스트입니다. 테이스트를 고려해서 이 가방에는 이 신발, 하고 짝을 맞춰 놓으세요.

가방과 신발이 통일되면 이 두 소품 때문에 코디네이션을 망칠 일은 없습니다. 또한 외출할 때 고민 없이 바로 들고 신으면 되므로 날마다 반복되는 코디네이션이 훨씬 빠르고 편해지지요.

가방과 신발을 매치할 때는 옷과 무난하게 어울리는 것을 고를지, 아니면 조금 도드라지게 연출할지를 선택해야 합니다.

예컨대, '베이스 컬러나 어두운 갈색의 가방+신발'은

자기주장이 강하지 않아서 전체적으로 잘 정돈된 단정한 느낌을 줍니다. 이와 비교해 눈에 확 띄는 색상의 가방이나 신발은 전체 코디네이션에서 악센트 역할을 하지요. 모노그램 등의 로고가 들어간 브랜드 상품도 후자에 속합니다.

가방이나 신발에 악센트를 줄 때는 매우 심플한 디자인의 옷을 입는 등 전체 스타일링에서 주연급과 조연급을 확실하게 구분해야 합니다. 이에 관해서는 STEP 7에서 자세히 다룰 예정이므로, 우선은 STEP 1에 맞게 자기주장이 강하지 않은 디자인을 골라 코디네이션에 활용해 보세요.

가방과 신발을 매치할 때도 '전체 코디네이션을 세 가지 색 이내로 끝낸다.'라는 법칙을 지켜야 합니다. 그렇기 때문에 앞서 말했듯이 세 가지 베이스 컬러와 어두운 갈색 중 어느 한 색을 골라야 하는 것이지요. 마음에 드는 색이나 디자인이라는 이유로 가짓수를 늘리지 않도록 주의하세요.

그럼 구체적으로 어떤 것을 골라야 하는지, 다음 STEP에서 조금 더 자세히 알아보겠습니다.

조화로운 코디네이션과
도드라진 코디네이션

시선을 사로잡는 금색 가방 하나로 전체 스타
일링에 악센트를 주었다. 이럴 때는 신발에 다
른 색을 사용하지 않는다.

tops…MM⑥
pants…La TOTALTE
bag…J&M DAVIDSON
shoes…FABIO RUSCONI

원피스로도 입을 수 있는 니트에 와이드 팬츠
를 매치한 뒤 회갈색 소품으로 보수적인 이미
지를 연출했다.

tops…MM⑥
pants…La TOTALTE
bag…PRADA
shoes…COLE HAAN

가 방 과 신 발 세 트

흰색 세트. 모든 색에 잘 어울리는 흰색. 활용
도가 매우 높아 반드시 갖추어야 할 세트.

bag…J&M DAVIDSON
pumps…Sergio Rossi

검은색 세트. 소품에서는 빠질 수 없는 단골
색상. 펌프스 외에 부츠도 갖추면 좋다.

bag…Maison Margiela
boots…L'Autre Chose
pumps…FABIO RUSCONI

어두운 갈색 세트. 어두운 갈색은 모든 베이스
컬러에 어울리는, 매치하기 좋은 색이다.

bag⋯Sergio Rossi
pumps⋯PELLICO
sandals⋯L'Autre Chose

회갈색 세트. 우아한 성숙미를 풍길 수 있는
소품은 활용도가 높은 토트백 세트로 갖추자.

bag⋯PRADA
pumps⋯COLE HAAN

활용하기 좋은 펌프스

성인 여성의 신발로는 펌프스를 추천합니다.

딱 잘라서 펌프스라고 하기는 했지만, 굽의 높이, 발등이 파인 정도, 앞코의 모양 등에 따라 같은 펌프스라고 해도 종류가 정말 다양합니다.

제가 가장 권하고 싶은 디자인은 굽의 높이가 8cm이고 앞코가 뾰족한 포인티드 토(pointed toe)입니다. 전문 스타일리스트들이 동양인의 각선미를 뽐내기 위해 애용하는 아이템이기도 하지요.

각선미를 드러내는 데는 8cm 굽의 포인티드 토만 한 아이템이 없습니다. 게다가 신고 걷기만 해도 구부정한 허리가 펴지면서 자세가 우아해지고 당당해진다는 장점이 있지요.

굽 높이가 8cm를 넘으면 너무 높아서 걷기 불편하고, 5cm는 어쩐지 어정쩡한 느낌이 듭니다. 8cm는 익숙해지기만 하면 걷기에 그다지 불편하지 않은 높이입니다.

물론, 굽이 높은 신발에 익숙하지 않다면 8cm도 매

우 높게 느껴질 겁니다. 그런 경우에는 5cm의 굽부터 서서히 익숙해지는 방법도 있습니다. 걸을 때 무릎이 잘 펴진다면 굽 있는 신발에 익숙해졌다는 증거입니다.

포인티드 토는 앞코가 뾰족해서 발이 매우 예뻐 보입니다. 아주 깔끔한 인상을 줄 수 있지요.

다소 캐주얼하거나 로맨틱하게 스타일링을 했더라도 마지막에 포인티드 토를 신어 주면 전체적으로 성숙하면서도 세련된 인상을 풍길 수 있습니다. 클래식한 복장에 잘 어울리는 것은 말할 필요도 없고요.

8cm 굽의 포인티드 토는 장점이 많고 범용성이 뛰어난 아이템입니다. 스타일링의 범위를 넓히기 위해서라도 한 켤레 정도는 꼭 장만해 보세요.

포인티드 토는 하의를 가리지 않고 두루 신을 수 있는 아이템이기도 합니다. 기본 하의, 즉 와이드 팬츠, 테이퍼드 팬츠, 타이트스커트, 걸프렌드 데님에 모두 잘 어울리지요.

만약 긴 바지를 입는다면 발뒤꿈치 쪽 밑단은 굽을 거의 뒤덮을 정도로 길어야 하고, 발등 쪽은 피부가 살짝 드러나야 합니다. 발등이 보이지 않고 펌프스와 바지가 하나로 이어지면 답답하고 잘못 입은 듯한 느낌이 듭니다. 발등이 살짝 드러나야 발도, 신발도, 바지도 예뻐 보입니다.

이런 점을 생각해 보면 포인티드 토 중에서도 발등이 많이 파여서 발가락이 살짝 드러나는 징도의 디자인이 코디네이션에 유리하다고 할 수 있습니다. 가슴골은 야한 느낌이 드는 데 비해, 발가락과 발가락 사이의 골은 섹시한 느낌이 들지요. 이와 같은 디자인에 깔끔한 색의 포인티드 토를 신으면 여성으로서의 성숙미가 확 살아납니다.

만약 펌프스 안에 덧신을 신는다면 그 덧신이 밖에서 보이지 않아야 합니다. 스타킹을 신을 때는 되도록 피부색에 가까운 제품을 고르세요. 또, 발가락 부분의 봉제선이 밖으로 드러나면 촌스러워 보이면서 전체 스타일링을 망칠 수 있으니 그런 봉제선이 아예 없는 스타킹이나 타이츠를 고르세요.

펌프스를 처음 산다면 검은색이나 어두운 갈색을 선택하세요. 그리고 두 번째로 살 때는 반드시 다른 색상을 고르세요. 검은색을 매치하면 다소 무거운 느낌이 들 때 회색이나 흐린 노란색, 회갈색, 황갈색 등의 펌프스를 신으면 훨씬 가볍고 세련되어 보입니다. 느낌이 다른 두 가지 색상의 펌프스가 있으면 코디네이션을 완성하기가 훨씬 편해질 겁니다.

발가락이 살짝 드러나 오히려 섹시해 보이는 펌프스.
펌프스는 성인 여성에게 없어서는 안 되는 단골 아이
템이다. 활용하기에 무난한 색상의 포인티드 토를 반
드시 갖추도록 하자.

pumps…PELLICO

검은색 소품을 니트 색상에 맞춰 회갈색으로
바꾸면 더욱 우아한 느낌이 든다.

tops···chalayan
pants···MARGARET HOWELL × EDWIN
bag···PRADA
pumps···COLE HAAN

회갈색 니트에 검은색 소품을 매치했다. 검은
색 소품은 코디네이션의 기본 아이템이다.

tops···chalayan
pants···MARGARET HOWELL × EDWIN
bag···Maison Margiela
pumps···FABIO RUSCONI

chapter 3

가 방 , 신 발 갖 추 기

꼭 필요한 가방

이번에는 가방을 알아보겠습니다.

가방을 처음 고를 때는 브랜드가 드러나지 않는 심플한 디자인이 좋습니다. 흔히 마음에 드는 디자인이나 좋아하는 브랜드의 가방을 선택하기 쉬운데, 브랜드 로고가 드러난 가방은 주연급 아이템에 속합니다. 전체 코디네이션에서 가방이 주연급으로 도드라지면 마치 브랜드를 광고하는 것으로밖에 보이지 않지요. 심할 때는 코디네이션의 전체 분위기마저 망쳐 버릴 수 있습니다.

따라서 날마다 사용하는 가방은 베이스 컬러의 무난한 디자인이 제일 좋습니다. 특히 네모진 형태에 손잡이가 달린 토트백은 여러 모로 유용합니다. 사적인 자리에서나 직장에서나 두루두루 사용할 수 있으니까요.

심플한 디자인의 토트백이 있다면 두 번째 가방으로는 숄더백이 좋습니다. 숄더백은 액세서리 대신으로도 쓸 수 있습니다. 단, 토트백과 마찬가지로 다양한 코디네이션에 매치할 수 있는 베이스 컬러로 고르세요.

그다음으로 소개하는 가방은 클러치백입니다. 성숙미를 풍길 수 있어 인기가 많은 가방이지요. 저도 클러치백을 애용하는데, 이왕이면 핸드백으로도 쓸 수 있는 겸용 스타일이 편리합니다.

일단은 이 세 가지 정도면 충분합니다. 저도 일을 할 때나 사적인 자리에서나 이 세 종류의 가방으로 코디네이션을 합니다(이 책에서는 스타일링용으로 가지고 있는 가방을 소개하기도 했습니다만). 다양한 코디네이션에 매치하기 좋은 메인 가방 두세 개만 있으면 많은 가방을 가지고 있을 필요가 없습니다.

색이나 디자인이 뚜렷한 가방은 그 가방을 주연급으로 돋보이게 해 주는 코디네이션밖에 하지 못합니다. 조금 심하게 말하면, 코디네이션의 한 요소라기보다 방해꾼이라고 할 수 있지요. 디자인과 색상이 예쁜 가방을 보면 얼른 사서 사용하고 싶겠지만, 멋 내는 방법을 배우고 있는 지금 단계에서는 다른 옷과 두루두루 매치할 수 있는 가방이 필요합니다. 전체 코디네이션에서 악센트로 쓰이는 그런 화려한 가방을 드는 일은 잠시 참고 뒤로 미루세요.

평상시에 쓰는 가방은 세 가지면 충분하다. 여러 종류
의 가방보다 활용하기 좋은 두세 개의 가방을 갖추어
야 한다.

tote bag…FRADA
clutch bag…Maison Margiela
shoulder bag…Sergio Rossi

흰색 스니커즈

많이 걸어야 하는 날, 캐주얼한 느낌을 살리고 싶은 날, 스니커즈만큼 좋은 아이템도 없습니다. 오늘날 스니커즈는 편한 신발이라는 본래 용도 이외에 패션의 악센트 아이템으로도 널리 사랑받고 있습니다. 그러니 펌프스를 하나 장만했다면 이번에는 스니커즈를 골라 보세요.

제가 추천하는 색은 단연 흰색입니다.

제2장에서도 언급했듯이, 베이스 컬러 중에서도 흰색은 매우 특별한 색입니다. 원 컬러 코디네이션이나 모노톤 코디네이션을 더욱 돋보이게 해 주고, 그 어떤 색과도 잘 어울리니까요. 스니커즈를 처음 산다면 단순한 로우 컷(low-cut) 디자인에 흰색 스니커즈를 고르세요.

흰색 스니커즈는 잘 관리해서 깨끗한 흰색을 유지하는 것이 관건입니다. 그런 의미에서 소재는 인조가죽이나 합성피혁이 좋습니다. 때가 많이 탄다는 이유로 흰색 신발을 꺼리는 사람도 많은데, 인조가죽이나 합성피혁으로 만든 신발은 오염을 제거하기가 쉽습니다. 만약 캔버스 소재의 스니커즈를 골랐다면 물세탁에 신중하세요. 물세탁을 하면 새하얀 캔버스가 누렇게 변할 수 있거든요.

캔버스든 인조가죽이든 어쨌든 흰색 신발이어서 신

경이 많이 쓰인다면 방수 스프레이를 뿌리는 방법도 있습니다. 이 스프레이를 뿌리면 때가 잘 타지 않고, 설령 때가 탔더라도 신발 전용 지우개로 쉽게 지울 수 있답니다.

스니커즈에 어울리는 하의는 역시 걸프렌드 데님입니다.

타이트스커트를 입는다면 데님이나 스웨트 등 캐주얼한 소재의 무릎길이 스커트나 롱스커트가 좋습니다.

와이드 팬츠를 입는다면 복사뼈가 드러나는 기장도 좋고, 바닥에 끌릴 정도로 긴 기장도 좋습니다. 넉넉하게 볼륨이 느껴지는 소재도 좋고, 매끄럽고 부드러운 소재 역시 잘 어울립니다.

어떤 하의를 입든 양말은 스니커즈 밖으로 드러나지 말아야 합니다. 스타킹은 절대 금물이고요.

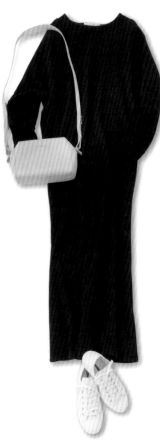

어두운 갈색×흰색의 강렬한 니트도 흰색 스니
커즈를 매치함으로써 균형을 잡아줄 수 있다.

tops⋯MACPEE
pants⋯La TOTALITE
bag⋯Sergio Rossi
shoes⋯CONVERSE

어두운 감색 원피스에 흰색으로 악센트를 주
었다. 가방으로 세련된 느낌을 살렸다.

one-piece⋯intoca
bag⋯BALENCIAGA
shoes⋯CONVERSE

쓰임이 많은 에코백

많은 사람이 일상생활에서 흔하게 사용하는 가방이 바로 에코백입니다. 귀갓길에 장을 보기 위해서 늘 가지고 다니는 사람도 적지 않지요.

이 에코백도 스니커즈와 마찬가지로 패션 아이템이 될 수 있습니다. 평소 옷차림에 매치하여 가벼운 분위기를 연출해 보세요.

에코백만 놓고 보면 화려한 색이나 독특한 디자인이 더 예뻐 보이지만, 막상 살 때는 옷과 매치해서 들어야 한다는 사실을 잊지 말아야 합니다. 가방 하나 때문에 전체 코디네이션이 엉망이 되는 예도 있으니 예쁘다는 이유로 고르지 말고 내가 가진 옷과 잘 어울리는지를 따져야 합니다.

추천하는 에코백은 어느 색에나 잘 어울리는, 특별한 가공을 하지 않은 생지로 만든 에코백입니다. 생지로 만들어서 새하얀 느낌은 아니지만 전체 코디네이션에서 '흰색 가방'으로도 활용할 수 있습니다.

근사한 패션숍에서 흔하게 볼 수 있는, 간단한 로고가 들어간 심플한 에코백. 저는 그런 에코백이 제일 좋다고 생각합니다. 심지어 가격도 저렴하지요.

이런 에코백을 쇼핑이나 산책하러 나갈 때만 사용하는 것은 참 아까운 일입니다. 여러 코디네이션에 두루 어울리는 에코백이라면 가벼운 외출에 매우 유용한 '머스트 아이템'이 될 수 있습니다. 원단마다 느낌이 많이 다르므로 에코백을 고를 때는 자신의 평소 스타일에 가장 잘 어울리는 것을 고르세요.

어깨 끈을 살짝 묶거나 로고를 보여 주는 방법에 신경을 쓰면 훨씬 더 세련되어 보일 겁니다.

에코백을 멋지게 활용한 코디네이션

모노톤 코디네이션에 에코백을 매치하면 더욱 세련되어 보인다. 장 보는 데만 쓰기에는 아깝다.

gilet…Munich
tops…UNIQLO
pants…JAMES PERSE
bag…TODAY'S SPECIAL
shoes…PALOMA BARCELO

에코백이 주연급으로 격상하려면 역시 심플한 코디네이션이 받쳐 주어야 한다. 에코백의 로고를 악센트로 활용하자.

tops…UNIQLO
pants…rag & bone
bag…TODAY'S SPECIAL
shoes…CONVERSE

디자인이 심플한 샌들

여름 신발 하면 떠오르는 것이 샌들입니다. 시선을 끄는 독특한 디자인도 많아서 하나둘씩 사다 보면 어느새 가짓수가 늘어나는 신발이기도 합니다.

하지만 날마다 샌들을 신는다고 해도 필요한 신발은 두세 켤레면 충분합니다.

사실 샌들은 신발 중에서도 질이 좋고 나쁨이 가장 잘 드러나는 아이템이지요. 좋은 소재에 봉제선이 가지런한 질 좋은 샌들은 착용감도 좋고 오랫동안 편안하게 신을 수 있습니다. 따라서 저렴한 여러 종류의 샌들을 사는 것보다 질 좋은 샌들을 두세 켤레 장만하는 것이 훨씬 바람직합니다.

샌들도 역시 베이스 컬러의 심플한 디자인이 활용하기에 좋습니다. 샌들을 살 때는 꼭 굽이 있는 것을 고르세요. 8cm 굽의 펌프스와 마찬가지로 다리가 길고 예뻐 보이는 장점이 있습니다.

발뒤꿈치가 막혀 있는 디자인은 걷기 편해서 덜 피곤하다는 점 참고하시고요.

샌들을 신을 때는 발가락이 드러나므로 페디큐어(pedicure)에도 신경 써야 합니다. 발톱은 신발의 일부이기도 합니다. 화려한 색을 칠해서 색의 가짓수를 늘리기보다 피부색에 가까운 누디 컬러나 베이스 컬러를 선택하세요. 만약 다른 색을 칠하고 싶다면 제2장의 STEP 6에서 소개한 플러스 원 컬러를 골라야 전체 코디네이션에 방해가 되지 않습니다. 발톱에 바르는 매니큐어는 비교적 오랫동안 유지되므로 샌들과 평상시의 차림을 잘 생각해서 색상을 골라야 합니다.

멋쟁이가 되고 싶다면 펌프스와 마찬가지로
굽 있는 샌들을 선택하자. 타협하지 않고 꼼꼼
하게 따져야 할 아이템이다.

sandals…L'Autre Chose

샌들은 기본 색상으로 갖추자. 발톱에도 신경
써서 통일감을 연출하자.

sandals…PALOMA BARCELO

주연급 가방과 신발 매치하기

무난하게 활용할 수 있는 가방과 신발이 갖춰졌다면 이
제 단계를 올려서 주연급 가방에 도전하세요.

악센트 컬러이거나 전체적으로 무늬가 들어간 가방,
한눈에도 어느 브랜드인지 알아볼 수 있는 가방, 그냥
들고만 있어도 존재감이 느껴지는 가방……. 이런 가방
들이 모두 주연급 가방입니다.

사람들은 흔히 패션의 기본을 모르는 상태에서 무작
정 브랜드 가방부터 들려고 합니다. 그런데 이렇게 하
면 가방만 붕 떠 보여서 오히려 자신이 패션 초보자임
을 강조하게 됩니다. 브랜드 가방은 패션의 기본을 어
느 정도 습득한 상태에서 도전해야 할 아이템이지요.
바로 지금이 그때입니다.

어떤 이들은 가방은 좋은 것을 찾으면서 신발은 등
한시하기도 합니다. 하지만 브랜드 가방에 저렴한 펌프
스는 어울리지 않습니다. 브랜드 가방을 들고 싶다면
신발도 그것에 맞게 준비하세요. 특히 신발은 질의 좋
고 나쁨이 바로 드러나는 아이템이므로 가짓수를 늘리
기보다 질을 따져서 사는 편이 좋습니다.

주연급 아이템은 나머지 아이템들이 심플해야만 돈보입니다. 그렇게 하지 않으면 시선이 분산되어 전체 차림새가 어수선해 보이지요. 지난 달에 산 샌들, 이번 달에 산 가방이 저마다 강한 존재감을 뿜어내면 전체 코디네이션이 하나로 융화되지 못해 촌스러워 보입니다.

"색상의 가짓수는 줄이고, 디자인이 강렬한 아이템은 딱 하나만."

이렇게 해야 주연급 아이템이 돋보입니다. 만약 가방을 돋보이게 하고 싶다면 신발은 베이스 컬러의 심플한 펌프스나 흰색 스니커즈를 신으세요. 그렇지 않고 신발을 주연으로 내세우고 싶다면 가방은 베이스 컬러의 기본 디자인으로 골라야 합니다.

조금 특별한 날이어서 더 멋지게 치장해야 할 때도 이 법칙은 달라지지 않습니다. 파티에 참석하기 위해 존재감이 강한 클러치백을 골랐다면 신발은 손질이 잘 된 심플한 8cm 굽의 펌프스를 신으세요. 여기저기에 강렬한 아이템을 사용하는 것보다 클러치백 하나만 돋보이게 하는 편이 훨씬 근사하고 정돈되어 보입니다.

주연급 소품은 딱 한 점이면 충분하다. 이 아이템에 방해가 되지 않도록 다른 아이템들은 심플하게.

tops…JOURNAL STANDARD relume
pants…La TOTALITE
bag…Maison Margiela
shoes…repetto

자기주장이 강한 가방은 심플한 코디네이션에 매치해야 균형이 맞는다.

tops…Cathy Jane
pants…GALERIE VIE
bag…collection PRIV E L'UX?
shoes…CONVERSE

chapter 4

액세서리, 스톨을 고르자

가장 중요한 것은 절제

액세서리는 세련미와 개성을 드러낼 수 있는 아이템입니다. 액세서리를 적절히 소화할 수 있어야 멋쟁이라는 소리를 들을 수 있지요.

주변을 한번 보세요. 멋을 내겠다고 목걸이, 귀걸이, 팔찌, 반지 등의 액세서리를 줄줄이 달고 있는 사람이 있지요? 그런데 액세서리를 많이 한다고 세련미가 느껴지는 것은 아닙니다. 세련미는커녕 오히려 더 촌스러워 보이지요.

제아무리 예쁜 액세서리라도 여기저기 과도하게 착용하면 저마다 자기주장이 강해서 그 어느 것도 주목받지 못합니다. 그러니 손목에, 귀에, 손가락에 일일이 액세서리를 착용할 필요는 없습니다.

액세서리를 착용할 때 가장 중요한 것은 절제입니다. 사실 딱 하나만 착용해도 충분하지요.

STEP 4에서 나올 자기주장이 강한 디자인의 액세서리도 물론 그렇지만, 목걸이나 귀걸이처럼 얼굴 주변에 착용하는 액세서리는 딱 한 점으로 제한해야 합니다. 그래야 깔끔하고 감각적으로 보입니다.

만약 두 점을 착용한다면 크기가 작은 귀걸이와 가

는 팔찌처럼 자그마한 액세서리를 골라 다소 거리를 벌려서 착용해야 각각의 액세서리가 제 역할을 다할 수 있습니다.

액세서리에도 균형이 중요합니다. 외출 전에는 거울 앞에 서서 액세서리의 분량과 위치가 적절한지 꼭 확인하세요.

우선은 작은 액세서리부터

늘 입던 옷이지만 어쩐지 화려함을 더해 주고 싶을 때
유용한 것이 바로 액세서리입니다. 흔히 예쁜 디자인에
혹하기 쉽지만, 옷과 매치하려면 어디까지나 액세서리
는 조연 역할에 충실해야 합니다.

매장에 진열된 액세서리가 참 예뻐 보여서 사기는
했는데, 막상 집에 와서 착용해 보니까 어쩐지 어울리
지도 않고 어느 옷과 매치해야 할지 알 수 없어 난감했
던 경험 있으시지요?

액세서리를 판매하는 곳에서는 그 액세서리가 가장
돋보일 수 있게끔 진열해 둡니다. 일종의 오브제(objet)
인 셈이지요. 액세서리가 주연일 때는 정말 근사해 보
였을 겁니다. 하지만 평소에 착용하려면 아주 심플한
디자인을 골라야 합니다.

귀엽고 깜찍한 느낌의 액세서리는 나이에 맞지 않게
유치해 보일 수도 있고, 귀여워 보이려고 애쓰는 듯한
안쓰러움을 느끼게 합니다. 또, 이도 저도 아닌 디자인
의 액세서리는 열심히 착용해 봐야 아무런 의미가 없지
요. 액세서리는 코디네이션에 방해가 되지 않는 디자인
이 제일 좋습니다.

액세서리가 조연 역할에 충실하려면 일단 크기가 작아야겠지요?

귀걸이나 펜던트 톱은 4mm 이하로 제한하고, 목걸이 체인은 되도록 가는 것을 고르세요. 몸에 착용했을 때 눈에 확 들어오지 않는, 자기주장이 강하지 않은 디자인을 골라야 합니다.

크기가 1cm 이상이면 그 액세서리는 주연급 아이템이라고 봐야 합니다.

지금 STEP 2의 단계에서는 분위기만 살짝 띄우는 역할로 액세서리를 착용해 보세요. '티 나지 않는 자연스러움'을 목표로 삼으면 액세서리를 고르는 데 도움이 될 것입니다.

나이가 조금 많아서 피부에 탄력이 떨어진 상태라면 은색보다는 금색이 좋습니다. 안 그래도 생기가 없는 얼굴 주변에 은색까지 더해지면 인상이 더욱 초라해 보일 수도 있습니다. 반면 금색은 안색을 밝아 보이게 하는 효과가 있습니다.

펜던트 톱을 아예 빼고 착용하는 방법도 있다. 조연 역
할에 충실하려면 디자인이 매우 심플해야 한다. 얼굴
주변에서 살짝 반짝이는 정도면 충분하다.

스톨 사용법 익히기

스톨(stole)은 코디네이션의 악센트가 되어 주는 근사한 아이템입니다. 스톨 하나만 걸쳐도 분위기가 완전히 달라지지요. 자신에게 어울리는 스톨 사용 방법을 꼭 익혀 두세요.

스톨도 정장과 마찬가지로 유행을 탑니다. 하지만 유행한다는 이유로 덥석 사서 걸치고 다니는 일은 없어야 합니다. 우선적으로 나 자신을 돋보이게 해 주는지 잘 따져 본 뒤에 사용하세요.

스톨의 사용법은 크게 '감기'와 '늘어뜨리기'로 나뉩니다.

목에서 떨어져 있는 터틀넥을 오프 터틀넥(off turtleneck)이라고 하는데, 스톨을 이 오프 터틀넥처럼 풍성하게 목에 감으면 그 볼륨감 덕에 얼굴이 작아 보입니다. 이에 비해 그냥 목에 걸어서 아래로 늘어뜨리면 세로 선이 강조되어 날씬해 보이지요. 스톨을 늘어뜨릴 때는 좌우의 길이를 딱 맞추지 말아야 합니다. 살짝 어긋나야 훨씬 세련되어 보인답니다.

스톨을 사용할 때는 어느 쪽 방법이 자신에게 더 잘 어울리는지 알아야 합니다.

어깨가 처져 있거나 귀여운 인상의 자그마한 체구라면 '감기'가 더 좋습니다.

반면 어깨가 넓고 다소 차가운 이미지의 큰 체격이라면 '늘어뜨리기'가 더 좋겠지요.

자신이 어느 쪽인지 잘 모르겠다고요? 실제 키보다 작아 보인다는 소리를 많이 들으면 '감기', 실제 키보다 커 보인다면 '늘어뜨리기'를 해 보세요. 단, 그날의 코디네이션이나 헤어스타일에 따라 분위기가 많이 달라질 수 있으니 딱 잘라서 어느 한쪽만 고집하지는 말아야 합니다.

어깨가 처진 사람이 스톨을 늘어뜨리고 싶다면 원컬러 코디네이션에 스톨을 악센트로 사용하는 등 아예 눈에 확 띄게 연출하는 편이 좋습니다.

또한 만약 어깨가 넓은 사람이 스톨을 감고 싶다면 어두운색 스톨을 고르세요. 하나로 모아진 정돈된 인상을 풍기게 되어 넓은 어깨를 보완할 수 있습니다.

끝단이 비스듬하도록 정리한 스톨을 좌우 비
대칭으로 늘어뜨린다.

stole…CITRUS

목에 딱 붙게 감는 것이 아니라, 마치 공기를
포함하고 있는 듯 풍성한 느낌을 살리는 것이
요령이다.

stole…CITRUS

chapter 4

액세서리, 스톨을 고르자

임팩트 액세서리 더하기

이번에는 임팩트 액세서리에 대해 알아보겠습니다.

임팩트 액세서리란 눈에 띄는 색이나 크기가 큰 디자인의 액세서리를 말합니다. 1cm 이상의 귀걸이나 펜던트 톱 등이 여기에 속하지요.

존재감이 있는 액세서리는 결코 조연이 아닙니다. 주연급 아이템으로 보고, 반드시 그것에 맞게 심플한 코디네이션을 해야 액세서리가 돋보입니다.

예컨대, 임팩트 액세서리로 목걸이를 선택한 경우에 자기주장이 강하지 않은 흰색 상의를 입었다 하더라도 그 상의에 레이스나 프릴이 달려 있으면 목걸이의 매력이 반감됩니다. 임팩트 액세서리가 돋보이려면 색상뿐만 아니라 디자인까지 모두 심플해야 합니다.

귀걸이를 한다고 가정해 볼까요? 늘어뜨리는 디자인의 귀걸이를 한다면 목 언저리가 시원하게 트인 상의나 외투를 입는 편이 좋습니다. 만약 귀걸이의 색상이 눈에 확 띄는 색이라면 이 색을 받쳐 줄 베이스 컬러의 상의를 입어야 하지요.

액세서리를 중심으로 코디네이션을 맞추면 액세서리 매장에서 보았던 그 아름다움을 그대로 살려 낼 수 있습니다. 그 아름다움에 반해서 샀을 터이니 이왕이면 그 매력을 그대로 살려서 착용해야겠지요?

또한, 임팩트 액세서리는 헤어스타일에 영향을 많이 받습니다. 머리가 길면 단정하게 묶거나 올리고, 단발이면 머리를 귀 뒤로 넘겨서 임팩트 액세서리를 돋보이게 하세요.

겹쳐 끼는 반지, 여러 번 감아서 차는 팔찌, 비대칭 귀
걸이. 모두 심플한 코디네이션에 악센트를 줄 수 있는
주연급 아이템이다.

bracelets…CHAN LUU
earrings…WOUTERS & HENDRIX
rings…IOSSELLIANI

손목시계 풀기

액세서리 사용에 어느 정도 익숙해졌다면 이번에는 손목시계에 대해 알아볼까요?

손목시계는 몇 개나 가지고 있나요? 조금 많다 싶어도 그 수가 신발이나 가방만큼 많지는 않을 겁니다.

당연한 말이지만, 손목시계도 전체 코디네이션의 일부입니다. 이왕이면 그날의 코디네이션에 맞춰 날마다 시계를 바꿔 차면 좋겠지만, 현실은 그렇게 하기가 참 어렵지요.

그래서 손목시계를 살 때는 이왕이면 다양한 옷에 그럭저럭 잘 어울리는 디자인을 골라야 합니다. 제가 추천하는 시계는 숫자판이 작고, 시곗줄이 가죽이면서 베이스 컬러인 시계입니다. 디자인의 예를 들자면 카르티에(CARTIER)의 '탱크(Tank)'가 그런 느낌을 주는 시계이지요.

시곗줄을 베이스 컬러로 선택하면 옷의 색과 잘 섞여 전체 코디네이션에 방해가 되지 않습니다. 특히 제3장 STEP 1에서 소개한 신발 가방 세트와 색상을 통일하면 코디네이션의 폭이 훨씬 넓어지고 수월해지지요. 고급 브랜드에 눈에 잘 띄는 디자인은 요주의 아이템입니다.

단, 심플하고 무난한 시계라고 해서 모든 코디네이션에 다 어울리는 것은 아닙니다. 외출 전에 거울 앞에 섰는데 손목시계가 어쩐지 눈에 확 들어오거나 어울리지 않는다 싶으면 차라리 끌러 놓고 나가세요. 전체 코디네이션에 방해가 된다면 제아무리 값비싼 브랜드의 상품이라고 해도 방해만 될 뿐입니다.

제 실패담을 들려 드릴까요? 한번은 기념일을 맞이해서 분홍색 숫자 판에 시곗줄이 은색 체인인 큼직한 보이즈 사이즈 손목시계를 구입한 적이 있습니다. 그런데 이 예쁜 시계가 어느 옷과도 어울리지 않더군요. 강렬한 디자인에 커다란 분홍색 숫자 판이 전체 코디네이션의 배색에 방해만 될 뿐이었습니다. 제 딴에는 큰맘 먹고 산 값비싼 시계여서 어떻게든 차고 싶었지만, 거울 앞에서 전체 스타일링을 점검할 때마다 어울리지 않는다는 느낌이 들어 끌러 놓고 나가야 했습니다. 아쉽지만 이 시계는 지금까지도 제대로 차 본 적이 없습니다.

코디네이션에 방해가 된다면 손목시계는 풀어야 합니다. 시계 차는 것에 습관이 된 사람들은 시계와 다른 아이템들의 조화를 생각하지 못할 때가 많습니다. 외출 전에 거울 앞에 섰다면 반드시 손목시계도 한번 점검해 보세요. 시계를 꼭 차야 하는 건 아니랍니다.

모자 쓰기

모자 하면 어떤 인상이 떠오르나요?

패션 감각이 좋은 사람들의 아이템, 잘 써야 멋있어 보이는 아이템이라는 생각이 들지 않나요?

네, 맞습니다. 모자는 그 이미지 그대로 상급자의 아이템입니다. 맵시 있게 입는 능력이 몸에 배어 있지 않은 한, 멋지게 연출하기가 꽤 어렵지요. 까딱 잘못했다가는 모자만 둥둥 떠다니게 될 것입니다. 모자는 옷과 헤어스타일에 맞춰 그때그때 쓰는 방법을 달리하지 않으면 낭패를 보기 쉬운 아이템입니다.

멋 내는 데 능숙하지 않은 상태에서 예쁘다는 이유로 모자부터 덜컥 사면 어떤 일이 벌어질까요? 옷을 차려입고 모자를 쓴 자신의 모습이 영 어색해서 모자는 옷장 속에 그냥 넣어 두게 될 겁니다. 모자는 지금 이 단계처럼 소품 사용법을 어느 정도 습득한 뒤에야 도전할 수 있는 아이템이지요.

모자는 계절에 따라 소재도 다양하고 모양도 가지각색입니다. 같은 종류의 모자라고 해도 차양의 폭이나 형태에 따라 느낌이 매우 달라서 반드시 시험적으로 착용해 본 뒤 사야만 합니다.

만약 얼굴이 작아 보이고 싶다면 차양이 넓은 모자를 고르세요. 차양이 크게 휘어 있는 모자보다 평평한 모자가 실패할 확률이 적습니다.

색상은 역시 베이스 컬러가 좋겠지요? 검은색이나 감색부터 시작하여 차츰 색상의 폭을 넓히는 편이 좋습니다.

모자를 쓰는 방법은 얼굴의 골격에 따라 다릅니다. 중요한 것은 모자의 앞뒤 각도이지요. 일반적으로 얼굴이 둥근 사람은 모자 앞을 살짝 올려서 가볍게 쓰는 것이 좋고, 얼굴이 긴 사람은 모자 앞을 내려서 푹 눌러쓰는 것이 좋습니다.

또한, 모자를 쓸 때는 헤어스타일에 신경 써야 합니다. 늘 같은 헤어스타일에 같은 방법으로만 모자를 쓴다면 그 사람은 모자를 제대로 활용할 줄 모르는 사람입니다. 한쪽 머리만 귀 뒤로 넘긴다거나 뒷머리를 평소와 다르게 연출하는 등 모자에 맞춰 헤어스타일에도 변화를 주세요.

당연한 말이지만, 모자는 그날 차려입은 옷에 따라서 쓰는 방법이 달라집니다. 대략 나누자면, 모자의 앞을 살짝 올려서 쓰면 귀여운 느낌이 들고, 모자의 앞을 살짝 눌러서 쓰면 유행에 민감한 듯한 인상을 줄 수 있습니다.

　그날의 코디네이션, 계절, 얼굴 형태, 헤어스타일 등에 따라 어울리는 모자의 형태며 쓰는 방법이 달라지므로 한 가지 방법만 고집하지 말고 다양하게 시도해 보세요.

가짓수가 많을 필요는 없다. 몇 가지 코디네이션에 두루 사용할 수 있는 몇 종류만 있으면 충분하다. 안색이 밝아 보이는 색과 기본 색상인 검은색은 꼭 갖추자.

black hat···Crushable
white hat···ACROSS THE VINTAGE
gray hat···hatattack

　　스카프 사용하기

패션에 관심이 없는 사람이라도 스카프 한 장 정도는
가지고 있을 겁니다.

이 스카프 한 장이면 평상복도 특별해 보일 수 있지
요. 게다가 어떻게 두르느냐에 따라 같은 옷에 같은 스
카프라고 해도 느낌이 확연히 달라집니다. 스카프는 변
화무쌍한 흥미로운 아이템입니다.

누구나 가지고 있는 아이템이지만, 사실 스카프는 자
기 스타일이 확고해진 STEP 7이 되어서야 도전해 볼 수
있는 까다로운 아이템입니다. 무늬나 색상이 다양해서
목에 감으면 얼굴이 화사해 보인다는 장점이 있지만,
전체적으로 맵시 있게 연출하기는 어렵기 때문이지요.

스카프를 목에 두를 때는 다소 여유 있게 둘러야 합니
다. 목에 딱 맞게 매면 얼굴의 윤곽선이 강조되어 어지
간히 작은 얼굴이 아닌 이상 얼굴이 더 커 보이게 됩니
다. 만약 목 주변에 무엇인가를 감는 것이 답답해서 싫
다면 허리띠 대신 스카프를 사용하는 방법도 있습니다.

스카프는 대개 무늬나 색이 화려하므로 옷에 매치할
때는 색의 균형에 주의해야 합니다.

배색이나 색의 균형이 어렵게 느껴진다면 스카프보
다는 색이 단조로운 디자인 스톨을 두르는 방법도 있습

니다. 이런 스톨 중에는 비즈나 스팽글이 장식된 것도 있고, 목걸이와 일체형으로 만들어진 것도 있습니다. 특히 털이 달린 양피(mouton) 스톨은 대체로 차분한 색감을 띠기 때문에 살짝 걸쳐 주기만 해도 우아한 분위기를 연출할 수 있지요.

디자인 스톨도 까다로운 아이템에 속합니다. 털 달린 양피 스톨만 하더라도 별생각 없이 어깨에 두르면 지나치게 로맨틱해 보일 우려가 있지요. 이럴 때는 조금 변칙적으로 재단선이 그대로 드러난 다소 거친 디자인의 스톨을 선택하여 전체적으로 균형을 잡아 주는 것이 좋습니다.

스카프나 디자인 스톨은 스타일의 인상을 좌우하는, 상급자의 아이템입니다. 이제 멋쟁이의 최종 단계에 이르렀으니 이 아이템들을 멋지게 연출하는 데 도전해 보세요.

스카프를 삼각형으로 접어서 끝을 묶는다. 원
피스에 악센트를 주고 싶을 때 유용하다.

one-piece···ALEXANDER WANG
scarf···MARC ROZIER
bag···UNITED ARROWS
shoes···CONVERSE

얼굴에서 멀어진 위치에서라면 스카프 사용
이 더 쉬워진다. 허리띠 대신 활용해 보자.

punch knit···sulvam
tank top···UNIQLO
pants···DOLCE & GABBANA
scarf···MARC ROZIER
bag···Maison Margiela
shoes···FABIO RUSCONI

chapter 4

액세서리, 스툴을 고르자

디 자 인 스 톨 사 용 법

털 달린 양피 스톨은 비대칭으로, 로맨틱한 느
낌을 줄여서 세련되게.

tops···PRADA
pants···MARGARET HOWELL×EDWIN
mouton stole···JOURNAL STANDARD
bag···Sergio Rossi
shoes···PELLICO

디자인 스톨은 스톨과 같은 색상의 코디네이
션에 매치해서, 지나치게 화려해지지 않도록
주의하자.

tops···velvet
shirt···IENA
stole···CITRUS
bag···Maison Margiela
shoes···FABIO RUSCONI

chapter 5

쓰기 편한 옷장

옷을 고르기 쉽게 옷장 속을 정리하자

옷장이란 무엇일까요?

아마도 많은 분이 옷을 보관하는 곳이라고 여기실 겁니다. 하지만 이제부터는 인식을 바꾸었으면 좋겠습니다. 옷장은 단순히 옷을 수납하고 보관하는 곳이 아닙니다.

옷장은 '옷을 고르는 곳'입니다.

우리는 날마다 자신을 멋지게 연출하기 위해 옷을 입습니다. 그러므로 옷장 속은 옷이 한눈에 보이도록, 옷을 쉽게 꺼낼 수 있도록 정리되어 있어야 합니다. 무조건 차곡차곡 넣어 두기만 하면 꺼내기도 힘들고 코디네이션을 상상하는 데도 도움이 되지 않지요.

옷장 속을 잘 관리하려면 우선 옷의 양을 줄여야 합니다. 불필요한 옷은 옷장 속에서 치워 버리세요. 또한, 적절한 수납 도구도 준비해야 합니다. 의외로 많은 사람이 옷걸이의 두께를 간과하는데, 두툼한 옷걸이는 그 자체로도 자리를 많이 차지해서 옷장 속을 더욱 비좁아 보이게 합니다(STEP 5를 참고하세요). 옷뿐만이 아니지요. 모자나 가방도 꼭 필요한 아이템만 엄선해서 옷장 속에 넣어야 합니다.

옷장을 열었을 때는 그 계절에 맞는 옷들이 한눈에

들어와야 합니다.

옷은 깔끔하게 수납하기 위해 존재하는 아이템이 아니라, 입기 위한 아이템입니다.

옷을 골라서 입으려면 옷장 속이 고르기 쉽게, 꺼내기 쉽게 정리되어 있어야 하지요.

한 번 정리했다고 끝이 아닙니다. 옷장 속은 정기적으로 살펴 주어야 합니다. 그래야 살 당시의 인상이 되살아나서 잘 안 입던 옷도 다시 멋지게 소화할 수 있지요. 비슷한 옷이나 가방을 자꾸 사는 사람들 중에는 자신이 어떤 아이템을 소장하고 있는지 잊고 있는 경우가 태반입니다. 정기적으로 옷장 속을 살펴보면 자신이 어떤 아이템을 가지고 있는지 분명하게 기억할 수 있습니다.

싸다는 이유로 이것저것 사서 옷의 양이 많아진 사람도 있을 겁니다. 이렇게 쇼핑을 하면 코디네이션의 폭은 넓어지지만 시야는 좁아집니다. 가격이 우선시되면 패션의 기준이 흔들리기 쉽고, 아이템의 질이나 스타일링 감각도 떨어집니다. 옷은 '언젠가는 입겠지.'라는 가벼운 마음으로 사서는 안 됩니다. 정말로 옷장 속에 추가해도 되는지, 지금 있는 아이템으로 대용할 수는 없는지 꼭 따져 보세요.

'살 빼서 입을 옷'은 처분하자

옷장 속 정리하기. 이것이 멋을 좌우합니다. 멋쟁이가
되고 싶다면 지금 당장 옷장을 정리하세요.

우리는 날마다 옷장을 열고 그날의 코디네이션을 결
정한다고 해도 과언이 아닙니다. 그런데 그 옷장 속에
'언젠가는 입을 수 있겠지.'라고 막연하게 기대하는 옷
들, 즉 당장은 입지 않는 옷들이 가득 쌓여 있다면 어떨
까요? 그런 옷장보다는 입을 수 있는 옷들로 말끔하게
정리된 옷장이 옷을 고르기에 훨씬 편할 겁니다. 불필
요한 선택지는 지금 당장 치워 버리세요.

옷이 많다고 해서 코디네이션의 폭이 넓어지는 것은
아닙니다. 오히려 가짓수가 많으면 자신이 무슨 아이템
을 가졌는지 잊게 되지요. 그런 상태에서 자꾸 새 옷을
사면 옷들이 점점 따로 놀게 되어 비록 예뻐서 산 옷이
라도 다른 옷과 매치해서 입기가 어려워집니다. 그래서
가장 어울리는 코디네이션을 찾아 항상 같은 패턴으로
만 입게 되지요.

그럼, 옷을 제대로 활용하려면 옷장 속을 어떻게 정
리해야 할까요?

우선은 지금 입는 옷으로만 옷장 속을 채워야 합니다.

혹시 옷장 속에 사이즈가 맞지 않는 옷이 있지는 않나요? '살 빠지면 입어야지!' 하고 보관한 옷들 말이에요. 입고 싶은 마음은 없지만 비싸서 버리지 못하는 옷도 있을 겁니다. 선물 받은 옷이라서 그냥 걸어 두고 있는 옷도 있을 테고요.

그런 옷들을 찾아서 전부 처분하세요.

살이 빠진다면 그 옷보다 더 멋진 옷을 입고 싶어 할 겁니다. 제아무리 고가의 브랜드 상품이라고 해도 최근 2년 동안 입지 않았다면 앞으로도 입을 마음이 들지 않을 겁니다. 그러니 아까워 말고 그냥 버리세요.

도저히 그럴 수는 없다고요? 그러면 그런 옷들만 옷장에서 빼서 따로 보관하세요. 수납 상자에 넣거나 다른 장소로 옮겨서 '예비군'으로 보관했다가 1년 뒤에 다시 살펴보세요.

뚱뚱해 보이는 옷은 당장 버리자

사이즈가 맞지 않는 옷이나 몇 년 동안 입지 않은 옷을
옷장에서 다 빼냈나요?

그럼, 이제는 스타일이 좋아 보이는 옷들만 엄선하세요.

우리는 제1장의 STEP 2에서 옷을 입고 사진을 찍어
보았습니다. 그때 유난히 날씬해 보이는 옷이 있는가
하면, 실제보다 더 살이 쪄 보이는 옷이 있었을 겁니다.

그때의 기억을 되살려서 옷장 속의 옷들을 하나씩
살펴보세요. 그 옷을 입었을 때 긍정적인 느낌이 드는
지, 부정적인 느낌이 드는지 알아보는 겁니다. 늙어 보
인다, 목이 굵고 짧아 보인다, 다리가 짧아 보인다, 다리
가 굵어 보인다······. 이런 부정적인 느낌이 강한 옷들
은 옷장 속에서 바로 치워 버리세요.

몸에 딱 붙는 옷도 처분 대상입니다. 조금 여유가 있
는 옷들만 남겨 두세요.

몸에 딱 붙는 디자인의 옷을 입으면 날씬해 보일 것
같지요? 하지만 실제로는 그렇지 않습니다. 와이드 팬
츠처럼 여유로운 디자인도 날씬해 보일 수 있습니다.

그리고 이참에 허리가 지나치게 넉넉한 옷이나 가슴
이 너무 파여서 입을 때마다 불안했던 옷 등 많이 불편

했던 옷도 같이 처분하세요.

직접 입고 전신 거울을 보거나 사진을 찍어 보면 판단하는 데 도움이 됩니다.

당연한 말이지만, 옷 자체가 많이 낡았거나 늘어진 옷, 보풀이 심한 옷 등도 옷장에서 빼세요. 이런 옷은 좋은 인상을 주지 못합니다. 자기만 만족해서는 멋쟁이가 될 수 없습니다.

색상을 엄선하자

자, 이제는 남아 있는 옷들 가운데 코디네이션의 기본
이 될 색을 엄선해서 이 색과 어울리는 색들만 남겨 두
세요.

옷장 속을 세 가지 색으로 정리하겠다고 목표를 세
우면 더 좋습니다. 제2장에서 엄선한 세 가지 베이스 컬
러를 떠올리면 쉬울 겁니다.

코디네이션이 어려워지는 이유는 옷장 속 옷들의 색
상이 너무 많아서입니다. 멋쟁이가 되고 싶다면 유행하
는 색상의 옷을 사는 것보다 옷장 속을 자신에게 어울리
는, 몸에 걸쳤을 때 통일감을 낼 수 있는 '세 가지 색'으
로 정리하는 것이 훨씬 바람직합니다. 이렇게 하면 자신
의 개성도 살릴 수 있고 코디네이션도 쉬워지니까요.

컬러 진단(color creation, 피부, 머리카락, 눈동자 등의 색과 이미
지로 어울리는 색채 계열을 찾아내는 방법-옮긴이)을 받아서 어울
리는 색을 찾아내는 방법이 있기는 합니다. 그 방법 자
체는 나쁘지 않지만 진단받은 색상을 모조리 갖추려고
해서는 안 됩니다. 그렇게 많은 색은 필요하지 않습니
다. 멋쟁이가 되는 데는 몇 가지 색이면 충분합니다.

내가 정말 좋아하고 내게 잘 어울리는 색을 엄선해

서 그 색과 궁합이 잘 맞는 색들의 옷만 남겨 두세요. 그 아이템들을 전부 파악하고 있으면 아침마다 옷을 매치해서 입느라 고생하지 않아도 됩니다. 엄선한 옷들은 무엇을 어떻게 매치해도 잘 어울려서 멋있어 보일 테니까요. 옷장을 그런 상태로 만들면 나의 스타일은 점점 근사해질 겁니다.

옷을 이렇게 정리하면 옷장이 클 필요도 없습니다. 실제로 제 옷장은 양팔을 벌린 폭에도 미치지 못할 만큼 작습니다. 그 작은 옷장에 모든 아이템이 다 들어 있지요. 그렇다고 꽉꽉 채워져 있는 것도 아닙니다. 그저 옷의 수가 적을 뿐입니다. 그 이상의 옷도, 그 이상의 색상도 저에게는 필요치 않습니다.

자, 옷장을 세 가지 색으로 정리하세요. 너무 많은 색은 멋을 내는 데 방해가 될 뿐입니다.

옷걸이를 통일하자

옷을 엄선했다면 이제는 옷걸이를 통일하세요.

여러 가지 형태의 옷걸이가 뒤섞여 있으면 옷의 이미지가 다르게 느껴집니다. 또한, 옷걸이의 높이가 나란하지 않으면 어떤 옷은 다른 옷에 파묻혀 시야에 들어오지 않게 되지요. 가지고 있다는 사실을 잊어버린 옷이 있다면 어쩌면 옷걸이 탓인지도 모릅니다. 옷걸이를 통일하면 모든 옷이 같은 조건으로 정리되므로 옷을 고르기가 더 쉬워집니다.

티셔츠는 접어서 보관하는 경우가 많지요? 그러나 계절이 바뀌어 그 티셔츠를 자주 입는 시기가 돌아오면 옷걸이에 걸어서 눈에 잘 띄게 해 주세요. 몸에 대 보기도 편하고, 어떤 옷이 있는지 금방 눈에 들어와서 코디네이션 시간이 줄어듭니다. 저는 바지도 접지 않고 옷걸이에 걸어서 수납합니다.

제가 애용하는 옷걸이는 다음 페이지에 소개하는 아치형 옷걸이입니다. 옷걸이 자체가 얇아서 자리를 차지하지 않기 때문에 놀라울 정도로 많은 옷을 걸 수 있습니다. 단, 옷걸이가 얇아서 어깨 모양이 망가질 수 있는 옷, 예컨대 테일러드 재킷 등은 옷을 살 때 받은 전용 옷걸이에 걸어도 됩니다.

저는 세탁이 끝난 옷을 이 아치형 옷걸이에 걸어서 말리고, 다 마르면 그대로 옷장에 넣습니다. 이렇게 하면 세탁물 정리 시간이 많이 단축됩니다. 옷걸이 형태가 아치여서 그대로 말려도 옷걸이 자국이 남지 않고, 니트나 스웨터를 걸어 두어도 형태가 망가지지 않지요. 옷을 입을 때는 빈 옷걸이를 다시 제자리에 걸어 두는 것이 아니라, 나중에 세탁물을 말릴 때 쓰기 위해 한곳에 모아 둡니다.

'옷걸이를 바꾼다고 뭐가 달라질까?'

그런 의구심이 들기도 하지요? 그런데 실제로 바꿔 보면 예전보다 공간이 더 늘어나서 깜짝 놀라게 될 겁니다. 옷장 속에 여유가 생기면 옷을 넣고 빼기도 편하고, 어떤 옷이 있는지 파악하기도 좋고, 당연히 옷을 고르기도 편해집니다.

잘 미끄러지지 않는 아치형 옷걸이(NITORI)는
상의는 물론 하의도 걸 수 있어 편리하다. 옷
을 고르는 시간이 확연히 빨라진다.

플라스틱 서랍을 활용하자

모든 옷을 다 걸어서 수납하면 참 편하겠지만, 짜임이 성근 니트 등은 옷걸이에 걸면 늘어지거나 형태가 망가져서 조심해야 합니다. 잘 접어서 수납해야 하는 옷은 플라스틱 서랍에 넣어 행거 아래쪽에 두세요. 플라스틱 서랍은 필요할 때마다 단을 늘릴 수도 있고, 행거에 건 옷의 길이에 맞춰 단의 높이를 조절하기도 쉬워서 편리합니다.

플라스틱 서랍장을 활용할 때는 행거에 걸어 둔 상의나 하의 아래에 그에 어울리는 옷을 놓아 두세요. 어울리는 옷끼리 가까운 위치에 있으면 코디네이션 시간이 줄어듭니다. 또한 플라스틱 서랍에 라벨을 붙여 두면 무슨 옷이 들었는지 금방 알 수 있고, 다시 옷을 넣을 때도 제자리를 알아보기 쉽습니다.

서랍에 옷을 넣을 때는 한눈에 알아볼 수 있게 기본적으로 세워서 수납하는 것이 원칙이지만, 니트처럼 부드러운 옷은 잘 개서 서랍 앞쪽에 넣어 두세요. 중요한 것은 수납 방법이 아니라 옷을 입었을 때의 옷의 상태입니다.

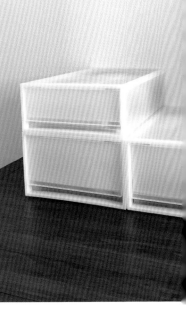

서랍 속은 바구니를 이용해서 서로 섞이지 않
게 지정석을 마련해 준다. 많은 양을 한 곳에
수납하면 주름이 생기기 쉬우므로 주의한다.
몸에 걸쳤을 때의 옷의 상태를 최우선으로 하
여 수납하는 것이 좋다.

폴리프로필렌(polypropylene) 소재의 수납 케이
스(MUJI). 목제 서랍보다 수납력이 뛰어나다.
단, 너무 깊은 서랍은 쓰기 불편하므로 깊이는
20cm 전후가 알맞다.

아이템별로
그러데이션에 맞춰 수납하자

옷장 속을 아이템별로 나누세요. 옷걸이에 건 옷들을 상의, 하의, 원피스, 외투 등 아이템별로 구역을 나누어 다시 걸어 주면 됩니다. 이렇게 하면 먼저 상의를 고르고 나서 이에 어울리는 하의나 외투를 그 구역에서만 고르면 되므로 시간이 단축됩니다. 어떤 종류의 옷이 얼마큼 있는지도 알아보기 쉽지요.

이번에는 각 아이템을 색상별로 회색은 회색끼리, 감색은 감색끼리 모으세요. 이때 같은 회색이라도 짙은 색과 흐린 색이 있을 텐데, 짙은 색에서 흐린 색 순으로 그러데이션(gradation)을 이루도록 배치하면 옷을 고르기가 수월해집니다. 이는 서랍에 수납하는 옷도 마찬가지입니다. 색상에 따라 놓이는 순서가 정해지면 세탁 뒤에 다시 수납할 위치도 분명해집니다.

이런 방법으로 옷을 수납하면 이제까지 알지 못했던, 자신이 가지고 있던 옷들의 색상 경향을 알게 됩니다. 어느 색상이 많고, 어느 색상이 부족한지 금방 파악할 수 있어 새로 옷을 살 때 낭비를 막을 수 있지요.

아이템별로 그러데이션에 맞춰 수납하면 보기에도 깔
끔하다. 옷마다 지정석이 생기므로 세탁 뒤에 되돌려
놓기도 편하고 옷을 파악하기도 쉽다.

chapter 6

패션 감각을 키우자

사이즈보다 라인이 먼저다

옷을 살 때는 누구나 사이즈를 확인합니다.

S, M, L······. 당신의 사이즈는 무엇인가요? 항상 같은 사이즈의 옷만 고집하고 있지는 않나요?

옷을 사려고 시험 삼아 입어 보니 M도 입을 수 있고 L도 입을 수 있다면 당신은 어느 쪽을 선택하고 싶나요?

많은 사람이 이런 경우에 M을 선택합니다. 조금이라도 작은 사이즈를 유지하고 싶어 하니까요.

하지만 생각해 보세요. 아무도 내 옷의 사이즈 표시를 확인하지 않습니다. 남들은 옷을 입은 내 모습을 볼 뿐이지요.

옷을 구입할 때 따져야 할 것은 사이즈가 아닙니다. 직접 입어 보고 스타일이 좋아 보이는지, 즉 라인이 예쁜 옷인지 확인하는 것이 더 중요합니다.

M 사이즈 옷을 입고 엉덩이 라인이 강조되는 것보다 조금 여유로운 L 사이즈의 옷을 입는 것이 단연코 더 예뻐 보입니다. 조금 여유로운 옷을 입어야 우아하고 말쑥해 보이는 법이지요.

날씬한 느낌을 주는 것은 사이즈가 아니라 옷을 입었을 때의 라인입니다.

로맨틱한 상의는 절제가 필수

레이스나 프릴, 개더(gather. 천에 홈질을 한 뒤에 그 실을 잡아당겨 만든 잔주름-옮긴이)가 많이 들어간 귀엽고 사랑스러운 느낌의 상의는 어느 세대에서나 인기가 많습니다. 하지만 '귀여워 보이려고 애쓰는구나.' 하는 인상을 주지 않으려면 절제가 필요합니다.

로맨틱한 디자인의 옷을 입을 때는 색상으로 그러한 느낌을 눌러 주는 편이 좋습니다. 은은한 톤의 밝은색은 오히려 로맨틱함을 더 강조하여 과하다는 인상을 줍니다. 디자인이 로맨틱하다면 옷의 색은 검은색이나 감색, 황갈색 등 차분한 색으로 골라 보세요. 밝은색을 입고 싶다면 흰색이 좋습니다.

로맨틱한 느낌이 강조된 상의를 입을 때는 바지나 타이트스커트와 같은 평범한 조연급 아이템을 매치해서 어느 한쪽으로 치우치지 않게 균형을 잡아 주어야 합니다. 상의와 맞추겠다고 하의까지 개더가 많이 들어간 풍성한 옷을 입으면 나이에 맞지 않는 유치한 옷차림이 되고 맙니다.

깅엄체크로 패션 감각을 뽐내자

기본적으로 저는 무늬가 없는 옷이 제일 좋다고 생각합니다만, 예외가 하나 있는데, 그것이 바로 깅엄체크 셔츠입니다. 셔츠 전체에 체크 무늬가 들어 있어 무지 셔츠에 비해 신체 라인이 덜 드러난다는 특징이 있지요.

깅엄체크에 도전할 때는 지나치게 크지 않은 흰색×검은색, 흰색×감색의 무늬가 좋습니다. 특히 상반신에 살집이 있는 사람은 깅엄체크에 꼭 도전해 보세요. 이때에도 '약간 여유 있게 입기'는 기본 중의 기본입니다. 날씬해 보이려고 몸에 꼭 끼는 셔츠를 입으면 가슴팍의 여밈이 벌어져서 오히려 더 뚱뚱해 보입니다. 셔츠는 조금 여유 있게 입고, 대신 소매의 단을 접어 올리세요. 손목을 드러내면 날씬해 보이는 효과도 있고 더 멋스러워 보입니다.

한편, 누구나 한 벌쯤은 가지고 있는 것이 줄무늬 옷입니다. 그런데 줄무늬는 자칫 뚱뚱해 보일 수 있습니다. 게다가 이미 두 가지 색이 쓰였기 때문에 다른 옷을 매치하기도 어렵지요. 줄무늬가 유행이라고 해도 그걸 꼭 따라 입을 필요는 없습니다. 물론 줄무늬는 언제 어느 때나 사랑받는 아이템입니다. 줄무늬를 입고 싶다면 말끔한 인상을 풍기는, 어두운 감색이나 검은색 바탕에 흰색 선이 들어간 옷을 고르세요. 와이드 팬츠 안으로 살짝 넣어 입으면 허리 부분이 잘록해지면서 날씬해 보이는 효과가 있고, 스타일도 좋아 보일 겁니다.

줄무늬는 어디까지나 주연급 아이템입니다. 다른 아이템들을 심플하게 통일해야 줄무늬가 돋보이면서 전체적으로 잘 정돈된 느낌이 듭니다.

팔이 가늘어 보이는 민소매는?

민소매(no-sleeve)는 여름에 참 많이 입는 아이템입니다. 한 장만 가지고 있어도 여기저기 쓰임새가 많지요. 하지만 많은 사람이 즐겨 입는 데 비하면 선택 방법이 꽤 까다로운 편입니다. 민소매를 고를 때는 매우 신중해야 하지요.

민소매는 어깨너비와 진동 둘레(팔이 나오는 부분)의 모양에 따라 팔의 굵기가 완전히 달라 보입니다. 설령 팔이 가늘더라도 어울리지 않는 디자인을 입으면 실제보다 굵어 보이지요. 반대로 말하면 디자인에 따라 굵은 팔도 날씬해 보일 수 있습니다. 사람마다 체형이 달라서 어울리는 디자인은 천차만별이지만, 대체로 진동 둘레가 세로로 깊게 파여야 팔이 가늘어 보입니다.

직장에서나 사적인 자리에서 모두 입을 수 있
는 질 좋은 커트 앤드 소운 소재가 이상적이
다. 세로로 파인 진동 둘레는 팔뚝을 가늘어
보이게 하는 효과가 크다.

tuck in sleeve tops…ANALOG LIGHTING

사진과 같이 옷감이 팔 주위를 덮는 디자인은 민소매가 부담스러운 사람도 편안하게 입을 수 있습니다.

진동 둘레가 동그랗게 파여 있는 디자인은 팔이 굵어 보일 수 있으니 주의하세요. 이런 디자인의 민소매보다는 차라리 프렌치 슬리브(French sleeve) 등이 훨씬 더 날씬해 보입니다.

팔뚝이 굵은 사람이나 그렇지 않은 사람이나 모두 민소매를 살 때는 자신에게 맞는 디자인을 골라야 합니다.

어깨가 넓거나 처졌다면?

골격이 크고 어깨가 넓은 사람은 남성적인 딱딱한 디자인은 피해야 합니다. 대신 신체 라인을 강조하지 않는 넉넉한 니트나 튜닉(tunic), 드롭 숄더(drop shoulder) 등의 부드러운 디자인을 고르세요. 이런 옷을 입으면 옷의 어깨선이나 허리 위치가 신체의 본래 위치에서 벗어나 각진 골격이 조금 더 부드러워 보이는 효과가 있습니다.

단, 이런 옷을 입을 때는 허리를 강조하지 말아야 합니다. 허리가 잘록해지면 그와 대비를 이루어 어깨가 더 넓어 보입니다.

만약 상의를 하의에 넣어 입는다면 허리 윗부분을

조금 꺼내서 불룩하게 부풀리세요. 이것을 블라우징 (blousing)이라고 하는데, 블라우징으로 옷의 라인에 여유를 주어야 어깨와 균형이 맞아서 체형이 보완됩니다.

목둘레에서 겨드랑이 쪽으로 이음선이 있는 래글런 슬리브(raglan sleeve)나 목 아래에서 진동 둘레 아래쪽으로 크게 파인 아메리칸 슬리브(American sleeve)는 되도록 피해야 합니다. 목 언저리에서부터 시작되는 대각선(봉제선)이 안 그래도 넓은 어깨를 더욱 강조하게 될 겁니다. 옷을 고를 때는 비단 옷의 윤곽선뿐만 아니라 봉제선의 위치까지 따지세요.

어깨가 처진 사람은 신체 라인이 고스란히 드러나는 딱 붙은 상의는 피해야 합니다. 어깨와 머리의 비율은 스타일의 인상을 좌우합니다. 어깨가 좁고 처져 있으면 상대적으로 머리가 커 보일 수밖에 없지요. 그러므로 옷을 매치해서 입을 때는 전신의 균형을 고려해서 팔꿈치 아래쪽으로 풍성하게 연출해 주는 것이 좋습니다. 마치 곤충의 고치처럼 전체적으로 둥글게 연출되는 코쿤 라인(cocoon line)의 넉넉한 상의가 제격입니다.

체형도 보완하고 얼굴도 작아 보이고 싶다면 상반신과 머리의 비율을 3 : 1로 연출해 보세요. 좀 풍성한 상의를 입고 머리를 하나로 묶어 단정하게 정리하면 이런 효과를 기대할 수 있습니다. 혹은 스톨을 목 주위로 느슨하게 감거나 카디건을 어깨에 걸치는 것도 도움이 됩니다.

키가 작은 사람은 원 컬러 코디네이션

평균 키보다 작은 사람은 색상을 통일해서 세로 라인을
강조하세요. 그러면 아주 산뜻하고 말쑥한 느낌이 들어
서 키가 더 커 보입니다.

키가 작은 사람이 상의와 다른 색상으로 무릎까지
오는 하의를 입으면 상의와 하의의 분량이 똑같아져서
작은 키가 더욱 강조될 수 있습니다. 이보다는 상·하의
의 색을 맞춰서 원 컬러 코디네이션을 해 보세요. 전체
를 하나의 색으로 통일하면 위아래가 연결되어 세로로
길어 보이는 효과가 있습니다.

제2장의 STEP 3에서도 언급했지만, 키가 작은 사람
에게는 원피스나 한 벌짜리 상·하의가 좋습니다. 만약
각각의 상·하의를 입는다면 원 컬러 코디네이션으로
색을 완전히 통일하거나 가능한 한 같은 계통의 색으로
맞춰 주세요.

외투는 기장이 긴 것이 좋습니다. 롱 카디건은 세로
라인을 강조하는 데 매우 편리한 아이템이지요.

양말은 되도록 피하세요. 양말의 색이나 양말목이 가
로선을 강조하여 안 그래도 짧은 부위를 더 짧아 보이

게 할 겁니다. 겨울에는 보온 효과가 좋은 롱부츠가 좋습니다.

앞서 범용성이 뛰어난 아이템으로 8cm 굽의 포인티드 토를 추천했는데, 키가 150cm 이하인 사람에게는 지나치게 높아 보일 수 있으므로 5cm 정도로 낮춰서 균형을 잡아 주세요.

나이와 함께 목둘레는 깊어진다

40대가 되면 체형에도 변화가 찾아옵니다. 예전에는 잘 어울리던 옷이 이 나이쯤 되면 어색해지기 시작하지요.

특히 터틀넥이 그렇습니다. 터틀넥처럼 목 언저리가 딱 달라붙는 옷은 나이가 들수록 어울리지 않게 됩니다. 세월이 흐르면 아무래도 턱 주변의 살이 늘어지는데, 비록 작은 변화이긴 하나 여기에 얼굴 라인을 강조하는 터틀넥까지 더해지면 예전보다 얼굴이 더 커 보일 수 있지요.

이런 옷을 입고 싶다면 목 언저리가 넉넉해 보이는 오프 터틀넥을 고르세요. 목 언저리의 여유가 얼굴의 윤곽선이 강조되는 것을 막아 줄 겁니다.

이와 반대로, 나이가 들면서 점점 잘 어울리게 되는 스타일도 있습니다. 나이가 들면 목 언저리와 가슴 위

쪽은 지방이 빠져서 날씬해집니다. 이 부분을 강조하지 않을 수 없겠지요?

추천하는 디자인은 브이넥입니다. 깊게 파인 목둘레선 사이로 쇄골이나 가슴 위쪽이 드러나 성숙미가 느껴지고 얼굴도 훨씬 갸름해 보입니다. 성인 여성이 사랑하지 않을 수 없는 아이템이지요. 셔츠 단추를 조금 깊게 풀어 주는 것도 같은 효과를 냅니다.

만약 가슴이 커서 가슴골이 드러날 것 같으면 심플한 이너웨어를 받쳐 입어서 야한 느낌을 지워 주세요. 가슴골이 드러나는 것보다 V라인 사이로 심플한 이너웨어가 드러나는 것이 훨씬 더 맵시 있어 보입니다.

기억하세요. 나이가 들수록 목둘레는 깊어집니다. 달라지는 체형에 맞춰서 여러 가지 스타일을 즐겨 보세요.

풍성한 상의에는 단정한 헤어스타일

두툼한 니트나 오버사이즈 셔츠 등 풍성한 상의를 입을 때는 다른 아이템과의 균형이 제일 중요합니다.

만약 소재가 얇다면 하의에 넣어서 허리를 살짝 강조해야 다리가 길어 보입니다. 기장이 짧은 상의라면 기본 하의 중에서도 와이드 팬츠나 테이퍼드 팬츠, 타이트스커트와 매치해 보세요.

엉덩이까지 가려 주는 기장이나 두툼한 니트에는 걸 프렌드 데님이나 타이트스커트와 같이 날씬해 보이는 하의를 매치해야 균형이 맞아 보입니다.

풍성한 상의를 입을 때는 머리를 하나로 묶는 등 헤어스타일을 단정하게 연출해야 합니다. 그래야 풍성한 상의와 대비를 이루어 상의도 강조되고 깔끔해 보입니다.

의외로 놓치기 쉬운 부분인데, 헤어스타일도 패션의 일부입니다. 똑같은 옷인데 오늘은 어쩐지 평소보다 촌스러워 보인다, 어색해 보인다 싶을 때는 대개 헤어스타일이 문제입니다. 저는 고객에게 스타일링을 조언하기 이전에 헤어스타일부터 점검합니다. 옷장을 열어 보기 전에 미용실부터 가는 예도 있지요. 외출할 때는 헤어스타일을 포함해서 머리부터 발끝까지 균형이 잘 맞았는지 확인하세요.

우산도 베이스 컬러로

우산은 비 오는 날에만 사용하는 아이템이지만, 전체 코디네이션의 일부이기도 합니다. 어느 옷에나 무난하게 잘 어울리는 색상의 우산을 준비하세요.

많은 사람이 눈에 확 띄는 색이나 무늬가 들어간 우산을 즐겨 사용합니다. 그런데 그런 우산은 주연급 아이템이라서 다른 옷을 심플하게 매치하지 않는 이상, 전체 코디네이션에 방해가 될 뿐입니다. 우산을 살 때는 우산 자체의 디자인보다 옷장 속 옷들과 얼마나 잘 어울리는지 그것부터 따져 보세요.

추천하는 우산은 무늬가 없는 베이스 컬러의 우산입니다.

코디네이션의 바탕이 되는 베이스 컬러로 고르면 어떤 옷과도, 어떤 가방이나 신발과도 잘 어울려서 우산만 동동 떠다니는 일이 없을 겁니다.

단, 검은색이나 감색은 색상이 매우 어두워서 무겁고 남성적인 느낌이 강합니다. 그보다는 중간색인 회색, 연한 노란색, 회갈색, 황갈색 등을 고르면 두루두루 활용하기에 좋습니다.

아울렛은 질 좋은 상품을 손에 넣을 기회

가방이나 신발을 많이 가지고 있을 필요는 없습니다. 그러나 질은 좀 좋았으면 합니다. 질이 좋으면 오래 쓸 수 있고 스타일의 품격도 달라집니다.

하지만 질 좋은 상품은 값이 매우 비싸지요. 그래서 저는 이런 고가의 상품을 아울렛(재고품 할인점)에서 구입합니다. 아울렛은 아무래도 재고품을 판매하는 곳이다 보니 무난한 아이템보다는 유행하는 색상이나 개성적인 디자인의 상품이 많습니다. 이런 곳에 가면 싸다고 덥석 사지 말고 정말로 활용하기 좋은 아이템인지 잘 따져 봐야 합니다.

만약 꼭 필요한 아이템을 찾지 못했다면 모처럼 시간을 냈더라도 사지 말아야 합니다. 이왕에 왔으니 사가지고 가자고 충동적으로 개성적인 디자인의 아이템을 구입하면 결국에는 옷장 속에만 넣어 두게 됩니다. 고가의 물건을 싸게 사려고 아울렛에 간 것일 텐데 이렇게 되면 오히려 낭비하는 꼴이 됩니다.

아울렛을 제대로 활용하려면 우선 옷장부터 확인해야 합니다. 매우 당연한 말이지만, 대부분의 사람은 이 과정을 거치지 않고 쇼핑부터 시작합니다. 낭비하지 않으려면 쇼핑 전에 무엇이 있고, 무엇이 없는지 옷장 속부터 확인하세요.

또 한 가지 요령은 자주 사용하는 아이템을 고르는 겁니다. 네 가지 기본 하의처럼 조연급 아이템이 갖추어져야 코디네이션의 폭이 넓어진다는 사실, 이미 알고 계시지요? 아울렛으로 쇼핑을 나가면 아울렛 특성상 디자인이 예쁜 주연급 아이템에 혹하게 됩니다. 하지만 진짜 필요한 것은 질 좋은 기본 아이템입니다. 아울렛으로 쇼핑하러 간다면 우선 기본 아이템부터 둘러보세요.

정말로 마음에 드는 아이템을 발견했는데 유행하는

색이거나 개성이 뚜렷한 디자인이라면 어떻게 해야 할까요?

이런 경우를 대비해서 쇼핑 전에는 규칙을 세워야 합니다. '가지고 있는 다른 옷이나 소품을 매치해서 세 가지 정도 코디네이션을 할 수 있다면 산다.'와 같이 사전에 규칙을 세우면 낭비를 막을 수 있습니다.

낭비 없이 꼭 필요한 멋진 옷을 구입해서 세련되게 입고 싶다면 눈에 들어온 예쁜 아이템을 충동적으로 사는 습관부터 버리세요.

눈에 확 들어오는 아주 멋진 옷들을 한 곳에 모아 놓으면 시선이 분산되어 그 가치가 떨어져 보입니다. 이왕에 옷을 입을 거라면 이런 멋진 옷을 더욱 돋보이게 입는 편이 좋겠지요. 근사한 옷을 더욱 돋보이게 입는 방법. 그 방법을 알려드리고 싶어서 시작한 것이 바로 이 책입니다.

이 자리를 빌려 여기까지 함께 해 주신 독자 여러분께 진심으로 감사드립니다.

이 책을 내기까지 많은 도움을 주신 카도가와 편집부, 아트 디렉터 미쓰모토 씨, 포토그래퍼 하야시 씨, 고바야시 씨, 메이크업 담당자 와다 씨, 부족한 제게 많은 조언을 해 주신 후카야 씨께 깊이 감사드립니다.

이 책을 통해 전하고 싶었던 것은 코디네이션의 공식입니다. 공식만 알면 패션도 그리 어렵지 않습니다. 패션에는 삶에 활력을 불어넣어 주는 힘이 있습니다. 여러분의 일상이 더욱 즐거워지는 데에 이 책이 조금이나마 도움이 되었기를 바랍니다.

저자 스기야마 리쓰코

패션은 *3* 색으로

초판 1쇄 발행 2018년 9월 30일
지은이 스기야마 리쓰코
옮긴이 김현영

펴낸이 한승수
펴낸곳 티나

편 집 정내현
마케팅 신기탁
디자인 은희주

등록번호 제2016-000080호
등록일자 2016년 3월 11일
주 소 서울시 마포구 동교로27길 53 지남빌딩 309호
전 화 02 338 0084
팩 스 02 338 0087
E-mail moonchusa@naver.com

ISBN 979-11-88417-03-2 (13590)

CLOSET WA 3SHOKU DE II

ⓒRitsuko Sugiyama 2017

First published in Japan in 2017 by KADOKAWA CORPORATION, Tokyo. Korean translation rights arranged with KADOKAWA CORPORATION, Tokyo through Shinwon Agency Co., Seoul.